AI가
내려온다

AI가
내려온다

인공 지능 시대의
고전 문학 연구

중앙대학교 인문콘텐츠연구소
HK+인공지능인문학사업단 기획

강우규, 김바로

사이언스
SCIENCE 북스
BOOKS

고전 문학과 디지털 인문학의 만남

이 책은 고전 문학 전공자와 디지털 인문학 전공자가 만나 융합 연구를 진행하면서 겪었던 좌충우돌 속에서 기획되었다.

2018년 1월 1일 저자들은 HK 연구 교수라는 직함을 달고 중앙대학교 인문콘텐츠연구소 HK+인공지능인문학사업단에 정식으로 첫 출근을 하였다.

이 시기에 고전 문학을 전공한 강우규는 '인공 지능 인문학'이라는 의제에 대한 막연함만이 가득했었다. 아무래도 고전 소설과 인공 지능을 연결하기가 어려웠기 때문이다. '인공 지능 인문학'과 관련하여 무엇을 연구할 수 있을까? 끊임없이 고민했지만, 기껏해야 '인공 지능이 등장하는 대중 서사를 연구해야 할까?' 정도만이 떠오를 뿐이었다. 고전 문학을 인공 지능으로 분석할 수 있다는 것은 생각해보지도 못했다.

역사학 기반으로 디지털 인문학을 전공한 또 다른 저자 김바로는 인문학과 디지털 기술의 실제적인 융합 연구에 대해서 고민하고 있었다. 특히 HK＋인공지능인문학사업단에는 다양한 전공 분야의 연구자들이 모여 있었기에 김바로가 잘 알지 못하는 역사학 이외의 분야에서의 융합 연구에 대해서 기대하고 있었다.

그러던 중 공교롭게도 저자들은 연구소에서 나란히 붙은 자리에 앉아서 연구를 진행하게 되었고, 자연스럽게 자신들의 고민과 기대를 공유하였다. 고전 소설을 새로운 방법론으로 분석할 수 있다는 기대, 디지털 분석 방법론을 적용하고 해석하는 융합 연구의 모색 등의 교집합 속에서 고전 문학과 디지털 인문학의 융합 연구가 시작되었다.

당시 국어학이나 현대 문학에서는 디지털 인문학과의 융합 연구가 시도되고 있었고 어느 정도 인정되는 분위기였지만, 고전 문학과 디지털 인문학의 융합 연구는 정말 생소하기만 했다. 고전 문학에서는 디지털 인문학에 관심이 없었고, 디지털 인문학에서는 옛 한글이 포함되어 디지털로 접근하기에 난이도가 높았던 고전 문학을 회피하고 있었다. 다행히 선편을 잡은 최운호, 김동권의 연구들이 있었기에 저자들은 연구의 방향성을 잡을 수 있었다.

융합 연구 초기, 고전 소설 전공자는 디지털 분석 결과의 숫자와 그림 들이 생소하기만 했고, 디지털 인문학 전공자는 고전 문학 분야에서 어떤 분석 결과를 필요로 하는지 알기 어려웠다. 하나의 발표 주제를 연구하기 위해 여러 번에 걸쳐 데이터를 재설계해서 구축하고, 여러 가지 방법론을 통해 분석을 시도했다. 그렇게 분석된 결과에 때로는 기뻐했고, 때로는 아쉬워하기도 했다.

그런데 좌충우돌 끝에 완성한 발표문을 학술 대회에서 발표할 때면, 청중들과 보이지 않는 거리감이 느껴지곤 했다. 그 거리감에는 직접적으로 표현하지는 않았지만 "컴퓨터로 고전 문학을 분석한다는 것이 신기하기는 한데 굳이 왜 해야 하지?"라는 고전 문학 전공자들의 물음이 담긴 듯했다. 현 단계에서의 고전 문학과 디지털 인문학의 융합 연구는 기존 연구에서 논의된 내용을 통계적 수치를 통해 객관적으로 증명하게 된다. 새로운 방법론이 고전 문학 연구에서 유의미하다는 점을 보여 주어야 했기 때문이다. 그런데 온갖 수치와 그림을 통해 어렵게 증명한 융합 연구의 결과가 기존의 고전 문학 연구와 큰 차이가 없었기 때문에, 굳이 생소하고 어려운 연구를 수행할 이유를 찾지 못했을 것이다. 하지만 기존과는 완전히 다른 방식으로 기존의 연구와 유사한 결과가 나온다는 것 자체가 무서운 일이라고 생각한다. 새로운 방식에서는 명확한 근거와 재현성을 제공해 주기 때문이다. 현재는 기존 학설을 다른 방식으로 탐색하고 있지만, 새로운 연구 방법의 정합성이 인정된 이후에는 디지털 분석을 통해 도출된 전통적인 연구 결과와 상이한 지점에 대해서도 접근을 시도할 것이다. 그리고 이러한 지점들은 곧 인간과 컴퓨터의 융합으로만 볼 수 있는 새로운 지평이 될 것이다.

이 책과 이 시리즈의 토양을 마련한 교육부와 한국연구재단에 먼저 감사의 인사를 드린다. 인공 지능 인문학과 같이 기존과는 다른 새로운 학제 간 융합 연구를 수행할 수 있었던 것은 HK+ 연구비 지원 덕분이다. 또한 이 책의 기획과 출간 과정에 아낌없는 도움을 준 중앙대학교 HK+인공지능인문학사업단과 ㈜사이언스북스 편집부에도 감사의 인사를 드린다.

이 책이 고전 문학과 디지털 인문학 융합 연구의 필요성을 인식하는 누군가에게 하나의 방향성이라도 제시해 줄 수 있는 나침반이 되기를 기원한다.

강우규(중앙대학교), 김바로(한국학중앙연구원)

차 례

책을 시작하며: ⋯005
고전 문학과 디지털 인문학의 만남

1장   프롤로그: 인공 지능이 내려온다   ⋯011
2장   디지털 문체 분석과 고전 문학   ⋯027
3장   디지털 감정 분석과 고전 문학   ⋯095
4장   에필로그: AI라는 범을 어떻게 다룰 것인가?   ⋯159

후주   ⋯171
찾아보기   ⋯175

1장

프롤로그:
인공 지능이 내려온다

인공 지능 시대의 도래

2016년 3월 세기의 대결이라고 불렸던 이세돌과 알파고의 대국이 펼쳐졌다. 대중들의 큰 관심 속에 펼쳐진 이세돌과 알파고의 대국은 1 대 4의 스코어로 알파고가 승리했다. '마인드 스포츠(mind sports)' 최후의 보루였던 바둑마저 컴퓨터, 더 정확히 말하면 인공 지능(artificial intelligence, AI)의 딥러닝 기술에 무너져 내린 것이었다. 이로 인해 인공 지능에 대한 기대와 두려움이 '알파고 쇼크'라는 문구와 함께 대두되기도 하였다.

이 대국은 학계에도 많은 영향을 미쳤다. 인공 지능에 대한 폭발적인 관심 속에서 많은 연구가 진행되었던 것이다. 여기에는 공학적 연구는 물론이고, 인문학의 다양한 영역에서의 연구도 포함되었다. 인공 지능에 대한 인문학 분야의 연구에는 이세돌과 알파고의 대결을 확장된 튜링 테스트(Turing test)로 이해하는 논의, 인공 지능과 구별되는 인간 본연에 대한 철학적, 헌법학적 논의, 인공 지능을 활용한 교육 방법론에 대한 논의, 이세돌과 알파고의 대국이 인공 지능에 대한 인식을 어떻게 변화시켰는가에 대한 사회학적 논의, 이세돌과 알파고 대국에서 저널리즘이 알파고를 어떻게 의인화했는지에 대한 논의 등이 있다. 이외에도 4차 산업 혁명, 포스트 휴먼, 인공 지능 등에 대한 다양하고 확장된 논의가 이어졌다.

이세돌과 알파고의 대국 이후 수년이 지난 현재, 인공 지능은 다양한 영역에서 활용되고 있으며, 인간의 고유한 영역으로 간주되어 온 예술 작품까지도 창작하는 단계에 이르러 있다. 렘브란트 화풍의 그림을 그리는 넥스트 렘브란트(The Next Rembrandt), 클래식 음악을 작곡하는 가상 아티스트로 프랑스 음악 저작권 협회(SACEM)의 인정을 받은 아이바(Aiva), SF 단편 영화 시나리오를 작성하는 젯슨(Jetson), 장편 소설을 창작한 비람풍(毘嵐風) 등 인공 지능은 다양한 문화 예술 영역에서도 활약하고 있는 것이다.

인공 지능의 발달은 교육 및 연구 환경의 변화 또한 초래하고 있다. 교육부는 2018년부터 문과와 이과를 막론한 모든 초등, 중등, 고등학교 학생들을 대상으로 소프트웨어 교육을 의무적으로 실시하고 있다. 이제는 소프트웨어 의무 교육을 받은 학생들이 인문학 전공 학과에 입학하게 되는 것이다. 따라서 소프트웨어 의무 교육을 통하여 기본적인 디지털 문해력(digital literacy)을 갖춘 인문 계열 학생들에 대한 새로운 교육 방안 마련이 요청되고 있다. 이에 대한 이상적인 모델은 교수자가 인문학과 디지털 방법론을 모두 숙달하고 학생들의 다양한 요구에 응하는 것이지만 방대한 인문학 지식과 디지털 방법론을 한 사람이 모두 숙련하기는 어렵다는 문제가 있다. 따라서 현실적인 방안은 학생들에게 기술적인 부분을 맡기고 교수자가 분석의 방향성을 인도하는 것이다. 이를 위해서 인문학계는 디지털 방법론에 대한 절실함을 가지고 이공계와 공동 연구를 활성화할 필요가 있다. 직접 디지털 분석을 할 수는 없어도 디지털 분석에 대해 이해할 수 있어야 디지털 문해력을 갖춘 학생들과 소통할 수 있기 때문이다.

이러한 시대의 변화 속에서 기존 인문학의 분과 학문적인 연구만으로는 시대를 진단하고 대안을 제시하는 인문학 본연의 역할을 온전히 수행하기 어려운 형편이 되었다. 인공 지능 시대라고 불리는 현대 사회에서 인문학 또한 인공 지능 기술(포괄적으로는 디지털 기술)에 대한 이해가 필요하게 된 것이다.

물론 인문학 전반에서도 인공 지능 시대에 관한 다양한 논의들은 이어져 왔다. 하지만 대부분은 기술에 대한 이해가 깊지 못한 상태에서 기술로 인해 변화된 시대와 그 시대의 생산물에 대한 인문학적 성찰에 그치고 있거나, 디지털 방법론을 활용한 새로운 인문학 연구를 산발적으로 시도하고 있을 뿐이다. 디지털 방법론을 통한 연구 데이터, 연구 방법, 연구 결과 모두가 연구, 교육, 산업 등의 영역에서 손쉽게 활용(reuse)될 수 있다는 점을 고려하면, 디지털 분석 방법론을 토대로 한 본격적인 인문학 연구가 적은 것은 아쉬울 수밖에 없다.

이런 상황은 특히나 인문학 영역의 대학생과 석, 박사 과정 학생의 수가 끊임없이 감소하고 있는 현실에서는 더욱 암울하다. 무엇보다 석·박사생 감소의 주요 원인 중 하나가 "문송합니다.", 즉 "문과라서 죄송합니다."라는 뜻의 말로 대변되는 취업 시장에서의 냉대이며, 디지털 기술에 대한 공포와 혐오로 인해 실제 현장에서 활용되는 '기본적인' 디지털 방법론조차 생소한 인문학도들의 실태를 반영하는 냉엄한 현실 앞에서 디지털 기술과 인문학의 융합은 선택이 아닌 필수라고 할 수 있다. 이러한 시대적 요청에 따라 한국연구재단은 인문 전략 연구의 인문학 국책 사업으로 '디지털 인문학 인재 양성' 항목을 마련하여 인문학자들의 디지털 분석 능력 향상을 도모했고, 하고 있다. 그리고 인문학과 이공계 공동 연구의 활성화를 위해 공동 연구 논문의 주저자(제1저자, 교신 저자)에 대한 성과를 각각 100퍼센트로 인정하면서 공동 연구를 권장하는 추세이다. 아직은 제도적으로 완전하지 않지만 인문학자들이 융합 연구를 진행할 수 있는 토대가 마련되고 있다는 것이다. 하지만 아직은 부족한 면이 많이 있다.

AI 및 디지털 분석을 활용한 고전 문학 융합 연구의 필요성

"고전(古典)하면 고전(苦戰)한다."라는 말이 있다. 고전 문학을 공부해 본 사람이라면 누구나 한 번쯤은 들어 봤을 이 말은 고전 문학 연구가 지닌 근본적인 문제와 고전 문학이 고전으로서 가치를 제대로 평가받지 못하는 시대 상황을 반영하고 있다.

고전 문학 연구의 근본적인 문제는 대상 텍스트가 현재 사용되지 않는 언어로 표기되어 있고, 그나마도 한정적이라는 것이다. 고전 문학 텍스트는 중세 국어, 한국 한문 등으로 이루어져 있어, 연구를 하려면 중세 국어, 한국 한문 등에 대한 학습이 필수적이다. 또한 고전 문학 텍스트는 더 이상 생산되지 않기 때문에 제한된 텍스트를 다양한 방식으로 바라볼 필요가 있다. 즉 고전 문학 연구는 자료에 대한 접근성 강화와 함께 끊임없는 방법론 모색이라는 어려움이 존재하는 것이다.

물론 고전 문학에서도 '문화 콘텐츠'라는 이름으로 고전 문학의 시각화와 산업적 활용의 측면에서 디지털 기술에 대해 어느 정도 논의가 진행된 바가 있다. 하지만 디지털 방법론을 활용한 고전 문학 작품의 분석과 해석 그리고 이를 위한 토대 데이터 설계와 구축은 아직 황무지에 가깝다. 그 이유로는 고전 문학 연구에 최적화된 데이터 구축 및 디지털 분석 방법론 개발의 미비, 전통적인 고전 문학 연구 방법과 디지털 분석 방법을 융합할 수 있는 인력의 부재 등을 들 수 있다.

해외에서는 프랑코 모레티(Franco Moretti)의 '원거리 읽기(distant reading)'로 대표되는 디지털 방법론을 통한 문학 연구가 '디지털 인문학(digital humanities)'이라는 이름으로 의미와 가치를 인정받고 있는 추세이다. 하지만 한국에서는 아직 전통 인문학 연구 방법론과 궤적을 달리하는 디지털 방법론에 대한 생소함과 의구심이 대세를 이루고 있다. 그나마 현대 문학 영역에서는 디지털 방법론을 활용하는 융합 연구가 어느 정도 실효성을 인정받고 있지만, 고전 문학 영역의 융합 연구는 아직 산발적으로 이루어지고 있을 뿐이고, 이에 대한 학계의 반응 역시 아직은 냉소적이다. 새로운 연구 방법론에 신기해하지만 분석 결과의 신뢰성에 대해서는 회의적인 반응이 대부분인 것이다.

하지만 디지털 분석 기법을 활용하면 한정된 고전 문학 작품에 대한 새로운 연구 가능성을 제시할 수 있다. 물론 고전 문학의 근본 문제인 중세 국어, 한국 한문 등의 문자 체계에 대한 고민은 아직까지 해결하기 어렵다. 또한 현재 고전 문학 작품을 데이터로 만든 것들은 디지털로 처리할 수 없는 비정형 데이터가 대부분이고, 그나마 공유되고 있는 데이터도 매우 적은 편이다. 따라서 현존하는 디지털 분석 기법을 그대로 적용하기 어렵고, 고전 문학에 최적화된 디지털 분석 기법을 새롭게 개발해야 할 필요가 있다.

디지털 언어 분석을 활용한 고전 문학 융합 연구의 현재

현재까지 개발된 디지털 분석 기법 중 인문학 영역에서 가장 많이 활용되고 있는 기법은 디지털 언어 분석이다. 디지털 언어 분석은 언어학, 문학 등의 영역에서 비교적 분석의 정확도가 높은 기법으로 평가되고 있다.

디지털 언어 분석은 기본적으로 표상체(sign)를 초고속으로 분석하는 것이다. 디지털 언어 분석 방법은 방대한 텍스트에 출현하는 각 표상체를 형태소 사전, 띄어쓰기, 문장 부호 등 표상체를 식별할 수 있는 체계를 통하여 분석하고, 그 출현 빈도를 정확하게 헤아려 대상 텍스트의 전체적인 모습을 탐색하는 방식이다. 그런데 표상체에 대한 통계 결과는 단지 숫자일 뿐 그 자체로는 의미가 없다. 통계 결과에 대한 연구자의 의미 부여, 다시 말해서, 해석을 필요로 하는 것이다. 즉 디지털 언어 분석 방법 자체는 표상체만을 대상으로 하고 있으며, 대응하는 해석체(interpretant)를 탐색하고 표상체와 해석체를 연결하는 것은 인문학자의 역할로 남아 있다.[1] 이를 다시 정리하면, 현재의 디지털 언어 분석 방법은 결국 표상체에 대한 수치만을 도출할 뿐이며, 인문학에서 중시하는 표상체에 대응하는 해석체, 표상체와 해석체의 관계 등에 대한 분석은 아직 미흡하다고 할 수 있다.

　표상체에 대한 수치만을 산출하는 현재의 보편적인 디지털 언어 분석 방법은 작품 비교 연구 혹은 문체를 통한 이본(異本)의 비교 연구 등과 같은 제한적인 영역에서 어느 정도 자체적인 완결성을 보이고 있다. 특히, 연구자 개인이 방대한 분량의 텍스트들의 문체를 분석하고 이본을 비교하는 것이 현실적으로 불가능하다는 점을 고려한다면, 디지털 언어 분석 방법을 통한 이본 비교 연구의 효율성은 압도적이라고 할 수 있다. 이러한 디지털 언어 분석 방법을 실제 고전 문학 연구에 도입한 것은 최운호와 김동건의 공동 연구들이다.

　먼저 최운호와 김동건은 디지털 언어 분석 방법을 통해 「수궁가(水宮歌)」, 「춘향가(春香歌)」 등 판소리 사설의 계통을 분석하였다. 「수궁가」에 대한 디지털 언어 분석은 16명 판소리 창자의 고고천변(皐皐天邊) 대목[2]을 병렬 말뭉치(parallel corpus)로 구축하여, 레벤시테인 거리(Levenshtein distance, LD) 측정법을 기준으로 고고천변 대목 간의 유사도를 측정하고, 이를 토대로 통계 프로그램 언어인 R에서 군집 분석을 수행하여 시각화하였다. 또한 음악 어법을 비교하기 위하여 정간보의 각 박을 1:1로 대응하여 동일성과 차이성을 비교하고 군집 분석을 수행하였다. 이러한 분석을 바탕으로 「수궁가」의 전승과 변모 양상을 살피고, 이에 대한 간략한 해석을 전개하고 있다.[3] 이는 판소리 사설의 계통 분석에 대한 기존 연구의 재증명일 뿐이라고 생각될 수도 있다. 하지만 연구자 개인의 주관적인 판단이 아닌 명확한 수치를 통한 증명이며, 연구 재현성(reproducibility)을 확보하여 기존 인문학 연구가 직면했던 연구 결과의 신뢰성 문제를 대폭 끌어올릴 수 있는 방안이었다. 그런데 앞의 「수궁가」 분석은 연구자가 직접 상당한 시간과 노력을 기울여서 병렬 말뭉치 형태의 데이터를 구축해야 한다는 어려움이 있었다.

이에 따라서 저자들은 병렬 말뭉치를 구축하지 않고 자연어 형태소 분석을 활용하여 「춘향가」의 서두 단락과 십장가(十杖歌) 대목[4]을 분석하여 「춘향가」 판본의 계통을 분류하는 연구를 시도하였다. 그런데 디지털 언어 분석을 활용한 고전 문학 연구에는 또 다른 문제가 내재되어 있다. 고전 문학 텍스트가 현대 디지털 기술을 그대로 적용할 수는 없는 중세 국어로 되어 있다는 문제이다. 따라서 저자들은 「춘향가」의 서두 단락과 십장가 대목을 현대어로 번역하고, HAM(hangul analysis module, 한국어 형태소 분석 라이브러리)을 사용하여 형태소를 분석하였다. 그리고 어휘 사용 유사도를 바탕으로 텍스트 간의 상관 계수를 구하고, 계층적 군집(hierarchical clustering) 분석을 실시하여 「춘향가」의 계통을 분석하였다.[5] 이러한 방법은 연구자의 수고를 최소한으로 줄일 수 있다는 장점이 있지만, 원텍스트가 아닌 번역 텍스트를 분석 대상으로 삼는다는 점에서 근본적인 문제가 있다. 또한 작품의 내용이 아닌 표상체만을 분석한 연구라는 점에서 한계를 지니고 있다.

이러한 한계를 돌파하기 위해서인지, 저자들은 후속 연구에서는 다양한 이본의 「토끼전」 원문을 대상으로 서사 단락의 해석체를 적용한 계통 분석을 진행하였다. 저자들은 「토끼전」의 서사 구조를 L1~L5까지 5단계 계층으로 구분하고 소소소단락(L5) 층위를 기준으로 총 228개의 서사 단락으로 나누었다. 그 뒤에 각 서사 단락의 내용 유형을 연구자가 직접 추가하였다.[6] 이는 서사 단락이라는 해석체를 데이터 단계부터 연구자가 직접 판단하고 입력하여, 표상체에 대한 통계 분석과 연구자의 해석체를 종합한 이본 비교라는 점에서 의의가 있다. 다만 이러한 방법은 방대한 대상 텍스트에 대한 깊이 있는 이해와 연구를 통해서만 서사 단락 개념을 정리하고 적용할 수 있기에 데이터 구축에 상당한 시간이 필요하다는 단점이 있다.

이상의 고전 문학 연구에서 디지털 언어 분석은 대체로 표상체에 대한 분석에 머물러 있다. 아직 디지털 기술을 통해 고전 문학 텍스트(표상체)와 해석체를 자동으로 연결하는 수준까지는 나아가지 못한 것이다. 서사 구조를 기반으로 한 「토끼전」의 계통 분석의 경우는 데이터 구축 과정에 해석체를 포함하고 있기는 하지만, 연구자가 수동적으로 추가한 해석체를 일종의 표상체로 취급하여 분석한 것이라는 점에서 표상체 중심의 분석에서 벗어났다고 볼 수 없다. 즉 디지털 언어 분석 방법은 대량의 데이터를 고속으로 연산하여 수치를 제공해 주지만, 결국은 해당 수치를 이해하는 인문학자만이 그 의미를 파악할 수 있는 것이다.

물론 디지털 언어 분석 방법에서도 표상체만이 아니라 해석체까지 분석 대상을 확장하려는 시도가 이루어지고 있는데, 그 대표적인 예가 디지털 감정 분석이다. 디지털 감정 분석은 텍스트라는 표상체와 디지털 감정 사전이라는 해석체를 상호 연결하여 대상 텍스트를 분석하고 해석하는 방법이다. 여기에서 디지털 감정 사전은 하나의 형태소(표상체)마다 대응하는 감정 지수(해석체)를 연결해 놓은 것으로, 구축 방식에 따라 크게 두 종류로 구분할 수 있다. 하나는 소수의 전문 연구자들이 형태소별 감정 지수를 결정하여 구축한 것으로 여기에는 VADER(valence aware dictionary and sentiment reasoner), AFINN 등이 있다. 다른 하나는 다수의 일반인이 형태소별 감정 지수를 결정하는 집단 지성 방식으로 구축한 것으로, 한국어 기반은 KOSAC(Korean sentiment analysis corpus), 영어 기반은 EmoLex(NRC word-emotion association lexicon, NRC 단어-감정 조합 사전) 등이 있다. 하지만 구축된 디지털 감정 사전은 당연히 현대를 살아가는 사람들의 언어 생활을 기반으로 하기에, 고전 문학 연구에 직접 적용하기는 어려운 형편이다.

디지털 언어 분석을 활용한 고전 문학 연구는 이제 걸음마를 뗀 수준에 불과하다. 이는 비단 고전 문학 분야에만 한정되는 것은 아니다. 인문학계 전반에서 디지털 분석을 활용한 융합 연구는 아직까지

극소수의 연구자들만이 도전하고 있는 분야인 것이다.

　디지털 언어 분석 자체에서도 표상체와 해석체를 연결하는 감정 분석 방식은 아직까지 초보적인 단계에 있다. 하나의 형태소(표상체)는 서사의 흐름에 따라서 서로 다른 감정(해석체)을 나타낼 수 있는데, 현재의 디지털 감정 사전은 하나의 형태소(표상체)와 하나의 감정 지수(해석체)를 1:1로만 연결하고 있기 때문이다. 이를 극복하기 위해서는 하나의 형태소(표상체)가 서사의 흐름 등 다양한 맥락 정보에 따라 각기 다른 감정 지수(해석체)와 자동으로 연결될 수 있는 분석 알고리듬 개발이 필요하다. 하지만 아직까지는 공기어(Co-occurrence) 개념을 통하여 형태소(표상체)들 간의 일부 관계만이 연구되고 있을 뿐이다. 서사의 흐름에 따른 감정 변화 추이를 통합적으로 분석할 방법은 뚜렷하게 제시되지 않고 있는 것이다. 다만 현재 딥러닝 알고리듬을 통한 감정 분석 방법이 시도되고 있으며, 어느 정도 유의미한 결괏값이 도출되고는 있지만, 빅 데이터가 요구된다는 점에서 데이터 자체가 부족한 고전 문학의 영역에서는 아직 갈 길이 멀게만 느껴진다.

　이러한 상황 속에서 각각 고전 문학과 디지털 인문학을 전공한 저자들은 융합 연구의 필요성을 인식하고 디지털 분석 방법을 통해 고전 문학 연구의 새로운 방법론을 제시하고자 고민하였다. 이 책은 이러한 고민을 정리하여 고전 문학 융합 연구의 새로운 모델을 제시하려는 시도이다.

디지털 언어 분석을 적용한 고전 작품 소개

이 책에서 연구 대상으로 다루고 있는 주된 고전 문학 텍스트는 「소현성록(蘇賢聖錄)」 연작과 「구운몽」이다. 「구운몽」은 대한민국 사람이라면 누구나 알 만한 고전으로 널리 알려져 있기에 더 이상 소개할 필요는 없을 것이다. 하지만 17세기에 창작되고 향유되었던 「소현성록」 연작은 그 소설사적 가치에 비해 대중들에게 알려진 바가 거의 없다고 해도 무방하다. 고전 소설 전공자 중에도 이 작품을 처음부터 끝까지 읽어 본 사람은 소수에 불과할지도 모른다. 이는 「소현성록」 연작이 가문 소설, 대장편 소설, 대하 소설 등으로도 불리는 유형에 속해 있기 때문이다. 따라서 디지털 언어 분석 방법에 대한 자세한 설명에 앞서 「소현성록」 연작에 대해 간략하게 설명하고자 한다.

국문 장편 소설의 효시로 불리는 「소현성록」 연작은 소현성과 그 부인들의 이야기가 주를 이루는 본전 「소현성록」과, 소현성의 여러 아들과 그 부인들의 이야기가 주를 이루는 별전 「소씨삼대록」으로 구성된 연작형 국문 장편 소설이다. 「소현성록」 연작은 따로 떼어 놓으면 그 자체로 하나의 작품이 될 수 있는 복수 주인공들의 이야기를 한 가문 구성원의 개인적 성공과 가문의 안정 및 번영이라는 주제 아래 결합하여 하나의 작품을 구성하는 양식적 특성을 지닌다. 먼저 본전 「소현성록」은 남주인공 소현성이 3명의 여성과 혼인하면서 벌어지는 사건을 중심으로 가문의 안정과 번영을 형상화하고 있는데, 그 줄거리를 간단히 살펴보면 다음과 같다.

송나라 태종 시절, 처사 소광은 부인 양 씨 사이에서 늦도록 자식이 없어서 석 씨와 이 씨를 소실로 들이지만 자식을 낳지 못하고, 뒤늦게 양 부인이 잉태하여 월영과 교영 두 딸을 낳는다. 이에 소광 부부는 명산대천에 기자치성을 드리고 부부가 신이한 태몽을 꾼 후 양 부인이 잉태하나, 현성이 태어나기 전에 소광이 별세한다. 양 부인이 잉태한 지 16개월 만에 현성이 태어나고, 양 부인은 맹자의 어머니처럼 아이들을 기른다. 그런데 간신의 모략으로 인해 역모죄로 시부와 남편을 잃은 교영은 서주로 유배되고, 열(烈)을 잃지 말라는 모친의 당부에도 유배지에서 유장이라는 사람과 동거하고, 이를 안 양 부인은 사약을 내려 교영을 죽이고 가문의 명예를 지킨다.

어린 시절부터 하나를 들으면 열을 아는 비범한 능력과 지극한 효성을 지녔던 현성은 과거에 장원으로 급제하고 평장사 화연의 딸과 혼인한다. 신부가 신랑에게 미치지 못한다고 생각했던 석파(소광의 소실)는 자신의 조카를 후처로 맞아들이게 하고, 이를 안 화 부인이 투기를 부리자 양 부인이 현성과 석 씨의 혼인을 허락한다. 석 씨와 혼인한 이후 현성은 두 부인을 공평하게 대하고 화 부인에게 가사를 전임케 하니 화 부인의 투기심이 누그러진다.

한편 현성을 사위로 탐내던 추밀사 여운은 후궁 여 귀비를 통해 황제를 움직여 자신의 딸과 현성을 혼인시킨다. 현성은 세 부인에게 공평하게 대하지만, 여 부인은 현성의 총애를 독점하기 위해 개용단(改容丹)을 먹고 석 부인의 모습으로 변신하여 현성 앞에서 음란하게 행동하는 등 온갖 흉악한 계교로 석 부인을 모해한다. 이로 인해 현성은 석 부인을 오해하여 본가로 쫓아 보내는데, 여 부인은 여기서 멈추지 않고 개용단으로 화 부인마저

모해한다. 이후 현성은 친구들로부터 개용단에 관한 이야기를 듣고 여 부인의 음모를 밝혀내 여 부인을 쫓아 내고 석 부인을 데려온다.

자신의 딸이 내쫓긴 것에 분노한 여운은 황제에게 민심이 흉흉한 강주의 안찰사로 현성을 천거해 복수하려 한다. 하지만 현성의 지극한 덕성(德性)에 백성들이 교화(敎化)되어 강주는 태평가를 부르는 지역이 되고 현성은 재상의 관직에 오른다. 그리고 현성은 화 부인, 석 부인 사이에서 10남 5녀를 두고 행복하게 살아가며, 소 씨 가문은 번성한다.

본전 「소현성록」은 군자적 성격의 소현성의 이야기를 중심으로 가문의 안정을 서사화한다. 이렇게 안정된 가문을 배경으로 별전 「소씨삼대록」은 영웅형(英雄型) 인물인 소운성과 재자형(才子型) 인물인 소운명을 중심으로 개인적 욕망의 추구와 가문의 번영을 서사화한다. 별전 「소씨삼대록」은 본전과 마찬가지로 소운성과 소운명이 3명의 여성과 혼인하면서 벌어지는 사건을 유사한 구조로 서사화하고 있지만, 애정 욕망에 충실한 두 인물 성격에 따라서 갈등의 양상은 다채롭게 나타난다. 또한 「소씨삼대록」은 2명의 남주인공 외에도 소현성 자녀의 이야기들이 삽입되어 더욱 풍성한 서사를 전개한다.

이러한 「소현성록」 연작이 향유되었던 17세기는 고전 소설사에서 가장 매혹적인 탐구의 대상으로 여겨진다. 17세기는 고전 소설 형성기의 모습들을 이어받으면서 향후 펼쳐질 소설사의 다양한 모습들이 한꺼번에 시험된 시기였기 때문이다. 고전 소설사에서 17세기는 한문과 한글, 상층과 하층, 남성과 여성, 단편과 장편, 한국과 중국,

현실과 낭만, 진지성과 통속성 등이 제각각의 특성을 유지하면서 대립·대응하고 있었으며, 향후 소설사에서 주도권을 잡게 될 우세 양식을 결정하는 대결장이었다고 할 수도 있다.[7] 그 과정에서 17세기 초까지 전기 소설 일변도였다고 해도 과언이 아닌 우리 소설사는 17세기 후반을 기점으로 하여 주류적 위치를 국문 장편 소설에 넘겨준다.[8] 이 시기에 향유되었던 「소현성록」 연작은 국문 장편 소설의 효시로서 통속성과 함께 사대부들의 수신서적 성격을 지니면서도 유교적 이데올로기에 대한 진지한 문제 의식을 드러내는 작품으로 파악된다. 또 「소현성록」 연작은 남성 중심적인 작품으로 파악되기도, 정반대로 여성 중심적인 작품으로 파악되기도 하며, 이를 토대로 본전과 별전의 작자가 다를 것이라고 추정되기도 한다. 즉 「소현성록」 연작은 17세기 고전 소설사의 다채로운 모습을 담아내고 있는 작품으로서, 「구운몽」 못지않은 문학사적 가치를 지닌 것이다.

2장
디지털 문체 분석과 고전 문학

.

디지털 문체 분석 방법론

디지털 문체 분석이란?

사람은 생물학적으로 자신만의 특성을 나타내는 고유의 지문(指紋)과 성문(聲紋)이 있듯이, 작성한 글에도 자신만의 특성을 나타내는 고유의 문체적 특성이 있다. 따라서 고유의 문체적 특성은 여러 텍스트에 대한 저자의 동일성 여부를 판별할 기준이 될 수 있다. 계량적 문체를 통한 저자 판별 연구는 해외에서 20세기 중반 이후부터 시작되었다. 이후 저자 판별에 대한 개론서 수준의 저서가 출간되기도 하였고, 단어의 길이, 문장의 길이, 어휘 풍부성, 형태소 빈도, 단어 빈도, 구두점 빈도, 연어 사용 빈도 등 39가지의 문체 측정 요소를 종합하여 검토한 논의도 전개되었다. 국내에서도 저자 판별에 대한 연구들이 진행되었다. 배희숙, 김병선 등에 의해서 부분적으로 언급된 저자 판별 연구는 한나래에 의해 본격적으로 시도되었고 이후에도 다양한 논의들이 전개되었다. 이러한 논의들을 통해 텍스트의 문체적 특성이 저자를 판별할 수 있는 기준이 된다는 것이 충분히 증명되었으나, 아직까지 중세 국어로 된 고전 소설을 대상으로 한 연구는 진행된 바가 없다.

그런데 컴퓨터로 어떻게 문체 판별을 할 수 있을까? 우선 컴퓨터가 어떻게 문체적인 특징을 인지하는지 이해해야 한다. 컴퓨터가 인지하는 문체적 특징은 형태이다. 우리가 한글에서 "이순신"을 검색하면, "이순신"은 검색되지만, 의미적으로 거의 동일하지만 형태가 다른 "충무공"은 검색이 되지 않는다. 따라서 컴퓨터는 의미적인 맥락을 파악하는 데는 매우 취약하다. 하지만 특정 형태가 전체 문장에서 몇 번 등장했는지는 매우 빠르고 정확하게 처리할 수 있다. 그런데 문체라는 것은 '문장의 어구(語句), 어법(語法), 조사(措辭) 등에서 특징적으로 나타나는 작자의 개성'으로 형태적인 특징이 핵심이기에 의미가 아닌 형태가 중요하다.

그렇기에 컴퓨터로 진행하는 기본적인 문체 판별은 특정 텍스트와 다른 특정 텍스트에서의 특정 형태들의 등장 빈도를 상호 비교하는 통계적 방식으로 이루어진다. 특정 텍스트에 '엇디'가 많이 나오고, 다른 텍스트에서도 '엇디'가 많이 나온다면 두 텍스트는 서로 유사할 가능성이 크다. 물론 단순히 '엇디' 하나의 형태소만으로 두 텍스트가 유사하다고 판단하지는 않는다. 두 텍스트에 등장하는 수천 개가 넘는 모든 형태를 모두 비교하여 유사성을 판단하는 것이다. 사실 이런 작업 자체는 연구자도 수행할 수도 있다. 다만 컴퓨터와 비교하여 엄청나게 오랜 시간이 걸릴 뿐이다.

그런데 이런 기본적인 형태를 통계적으로 분석하는 방식은 두 가지 측면에서 문제가 있다. 특정 형태의 등장 빈도에 대해서는 정확하게 알 수 있지만, 특정 형태와 다른 형태와의 조합이나 동일한 의미의 다른 형태에 대해서는 정확한 분석을 수행할 수 없는 것이다. 이러한 기본적인 형태적 분석의 한계를 돌파하기 위해서, 최근에는 형태의 흐름을 반영할 뿐만이 아니라, 내재적인 유사 의미도 유추하는 딥러닝 방식을 사용한다.

이 책에서는 기본적인 형태를 통계적으로 분석하는 방식과 딥러닝 방식 두 가지 모두를 통해 고전 소설을 연구하는 방법론을 각각 살펴본다. 통계적 분석 방식으로는 「소현성록」 연작을 대상으로 저자를 판별하고, 이본 간의 상관 관계 및 변이 양상을 파악하는 시도를 했다. 딥러닝 방식으로는 경판 방각본 고전 소설을 대상으로 고전 소설의 유형을 탐색했다.

디지털 계층 분석을 통한 저자 판별 프로세스

「소현성록」 연작은 본전과 별전으로 이루어져 있는 작품으로, 본전과 별전의 작자 동일성 여부에 대한 이견이 존재한다. 계층 분석을 통해 「소현성록」 연작의 본전과 별전의 저자 동일성 여부를 판별하기 위한 프로세스는 다음과 같다.

그림 2.1. 디지털 계층 분석 프로세스.

「소현성록」 연작의 저자 판별 프로세스는 네 단계로 구성된다. 첫 번째는 디지털 언어 분석의 기본이자 핵심이라 할 수 있는 텍스트 데이터 구축 및 정제이다. 여기에서는 KRpia에서 서비스 중인 이대 15 권본 「소현성록」 연작의 원문 549,099자를 대상으로 권별 ID 값과 챕터 텍스트(chapter text)가 입력되는 text 값으로 데이터를 구축하였다. 두 번째는 계량적 문체 지수를 분석하기 위한 매트릭스(matrix) 구축으로, 구축된 「소현성록」 연작 텍스트 데이터를 R의 tm 패키지를 통해서 어절 단위의 분석 매트릭스로 다시 구축하였다. 세 번째는 매트릭스 기반 상관 분석인데, 「소현성록」 어절 매트릭스를 기반으로 권별로 상관 분석을 진행하였다. 이는 이대 15권본 「소현성록」 연작이 1~4권까지가 본전, 5~15권까지가 별전으로 구성되어 있기 때문이다. 마지막으로 상관 분석 기반 계층 분석이다. 여기에서는 상관 분석 결괏값을 바탕으로 hclust를 통하여 계층 분석(hierarchical clustering) 및 시각화를 수행하였다.

이러한 분석 프로세스에 대한 이해를 돕기 위해 간략한 예시를 제시하면 다음과 같다. 먼저 "엇디 감히 감격디 아니리오."라는 문장은 각각 '엇디', '감히', '감격디', '아니리오'의 네 어절로 분리한다. 이렇게 분리한 각 어절의 권별 출현 횟수를 파악한다. 이러한 방식으로 작품 전체를 어절별로 분리하여, 총 31,142개 어절의 권별 출현 양상을 담은 어절 매트릭스를 표 2.1의 샘플과 같이 구축한다.

물론 이상적인 분석은 형태소 단위의 매트릭스를 구축하고, 동일 인물에 대한 이칭을 통일하거나 배제해야 한다. 이는 '감격디'를 형태소 단위로 '감격', '디', '감격디'로 모두 분리 및 혼합하는 것을 의미하며, 이는 어절 매트릭스보다 정확한 문체 분석 결과를 도출할 수 있다. 그러나 이 연구의 대상이 된 중세 국어에 적용 가능한 자연어 형태소 분석기가 현존하지 않는 현실적인 문제가 있다. 또한 동일 인물에 대한 서로 다른 호칭 자체는 일종의 문체적 요소라고도 볼 수 있기에 여기에서는 어절을 단위로 매트릭스를 구성하였다.

그다음은 어절 매트릭스의 값을 토대로 각 권별 상관 관계 분석을 진행한다. 상관 분석(correlation analysis)은 두 변수 간의 선형적 관계 유형을 분석하는 방법이다. 두 변수 간의 관계의 강도를 상관 관계(correlation, correlation coefficient)라고 한다. 상관 관계의 최댓값은 +1이고, 최솟값은 -1이다. 일반적으로 ±0.7 이상이면 강한 상관 관계로 보며, ±0.7~±0.3이면 뚜렷한 상관 관계로, ±0.3 이하는 약한 상관 관계로 판단한다.

예를 들어, 표 2.1에서 '엇디'는 비록 전체적으로 많이 출현하지만, 6, 8, 9권에서 비교적 많이 출현하기에 이들 각 권 간의 높은 양적(+) 상관 관계가 도출된다. 반대로 1, 14, 15권에서 '엇디'는 각각 99회, 74회,

표 2.1.「소현성록」연작 권별 어절 매트릭스 샘플.

구분	엇디	감히	감격디	아니리오	구분	엇디	감히	감격디	아니리오
1권	99	9	0	7	9권	140	18	0	12
2권	119	18	0	15	10권	133	34	3	17
3권	121	20	0	18	11권	136	26	0	11
4권	128	31	1	12	12권	134	28	0	13
5권	123	20	2	28	13권	133	23	1	30
6권	148	39	0	20	14권	74	18	0	5
7권	130	29	0	15	15권	46	10	0	10
8권	168	30	3	24					

46회 출현하는데, 6, 8, 9권과 비교하면 상당히 적은 양을 보여 준다. 이러한 경우 6, 8, 9권과 1, 14, 15권은 비록 양적 상관 관계에 있기는 하지만 비교적 낮은 상관 관계로 파악된다. 다만 주의해야 할 점은 실제 상관 분석에서는 '엇디'라는 하나의 어절만을 대상으로 하는 것이 아니라, 총 31,142개의 어절 모두의 권별 출현값을 종합적으로 연산하여 상관 지수를 도출한다는 것이다. 그런데 상관 관계 분석은 개별 권과 권 사이의 관계를 살펴보는 데는 유용하지만, 「소현성록」 각 권의 계층적인 군집 형태를 살펴보기에는 어려움이 있다. 이에 따라서 계층 분석을 추가적으로 실시하였다.

계층 분석은 유사 군집 간의 거리를 기반으로 계층적인 군집을 만드는 알고리듬이다. 그런데 계층 분석은 상관 관계의 거리에 따라서 평균 거리(average), 근접 거리(single), 먼 거리(complete)의 세 가지 방식으로 결과를 도출할 수 있고, 각각의 거리 계산 방식에 따라서 다른 결과가 나올 수도 있다. 따라서 보다 객관적이고 합리적인 분석을 위해 모든 방식을 활용하여 권별 계층 분석을 실시하였다.

디지털 계층 분석을 통한 이본 비교 프로세스

고전 소설은 다양한 방식으로 유통되고 향유되었다. 세책가(貰册家)를 통해 대여의 방식으로 유통되기도 하였고, 방각본(板刻本), 활자본(活字本) 등으로 출판되어 판매되기도 하였다. 또 대중은 고전 소설을 필사(筆寫)하여 보관하기도 하였다. 그러다 보니 고전 소설은 하나의 작품에 다양한 이본들이 존재하며, 이렇게 다양한 이본 간의 관계를 파악하고 선본(先本)과 선본(善本)을 특정 짓는 등의 이본 연구는 고전 소설 작품 연구의 토대가 된다.

그런데 고전 소설의 이본 연구는 다양한 이본을 하나하나 비교하고 검토하는 과정에서 많은 시간과 노력을 요구한다. 국문 장편 소설은 그 분량상의 이유로 이본 연구가 더욱더 어려운 형편이다. 계량적 문체를 바탕으로 한 디지털 계층 분석은 이러한 상황에 도움을 줄 수 있는 하나의 방법론을 제시해 준다. 문체적 특징을 바탕으로 국문 장편 소설 이본 간의 상관 관계를 파악할 수 있기 때문이다.

「소현성록」 연작은 이러한 어려움 속에서도 전통적인 방법론을 통해 이본 연구가 진행된 몇 안 되는 국문 장편 소설 중 하나이다. 이러한 연구에서 「소현성록」 연작은 이대 15권본 계열(이화여대 소장본)과 규장각 21권본 계열(규장각 소장본)로 구분이 된다. (현존하는 이본에 대해서는 뒤에서 자세히 설명할 것이다.) 따라서 이대 15권본과 규장각 21권본을 대상으로 계층 분석을 시도하여 이본 간의 상관 관계 및 변이 양상을 파악하는 것을 목표로 다음과 같은 분석 프로세스를 구축하였다.

① 두 이본의 단위담별 ID 값과 챕터 텍스트가 입력되는 text 값으로 데이터를 구축하였다.

② R의 tm 패키지를 통해서 어절 단위로 어절 매트릭스를 구축하였다.

③ 「소현성록」 어절 매트릭스를 기반으로 단위담별 상관 분석을 진행하였다. 이때 상관 분석은 이본별, 이본 종합 두 가지 방식으로 진행하였다.

④ 상관 분석 결괏값을 바탕으로 hclust를 통하여 계층 분석 및 시각화를

표 2.2. 「소현성록」연작 이본별 상관 분석 단위 구분.

이본	ID	TEXT	이본	ID	TEXT
이대본	본전별서	1권 1~3쪽	규장각본	없음	없음
이대본	소현성	1권 4쪽~ 4권 126쪽	규장각본	소현성	1권 1~6권 74쪽
이대본	소운경	5권 1~54쪽	규장각본	소운경	7권 1~71쪽
이대본	소운희	5권 54~55쪽	규장각본	소운희	7권 71~74쪽
이대본	소운성	5권 55쪽~ 9권 79쪽	규장각본	소운성	7권 74쪽~ 13권 70쪽
이대본	소운숙	9권 79~85쪽	규장각본	소운숙	13권 70쪽~ 14권 6쪽
이대본	소운명	9권 85쪽~ 12권 78쪽	규장각본	소운명	14권 6쪽~ 19권 48쪽
이대본	기타	12권 78~94쪽	규장각본	기타	19권 48~64쪽
이대본	소수빙	12권 94쪽~ 13권 140쪽	규장각본	소수빙	19권 64쪽~ 20권 29쪽
이대본	소수주	14권 1쪽~ 14권 66쪽	규장각본	소수주	20권 29~54쪽
이대본	후일담	14권 66쪽~ 15권 103쪽	규장각본	후일담	20권 54쪽~ 21권 94쪽
이대본	몽유록	15권 103~ 108쪽	규장각본	몽유록	21권 95~101쪽

수행하였다.

⑤ 이대 15권본과 규장각 21권본 각각의 상관 분석 및 계층 분석 결과를 비교하여 이본별 특징을 파악하였다.

⑥ 마지막으로 이대 15권본과 규장각 21권본을 종합하여 실시한 상관 분석 및 계층 분석 결과를 통해 「소현성록」 연작 이본 간의 상관 관계 및 변이 양상을 추정하였다.

이러한 분석 프로세스를 보다 구체적으로 설명하면 다음과 같다. 우선 「소현성록」 연작 이대 15권본과 규장각 21권본의 데이터를 확보하고, 다음 표 2.2와 같이 단위담별로 ID를 부여한 후, ID 값에 상응하는 text로 구성한 기본적인 데이터를 구축하였다.

그다음 R의 tm 패키지를 통해서 어절 매트릭스를 띄어쓰기 단위로 구축하였다. 예를 들어서 "쇼져의 시젼을 가져다가 뵈리라."라는 문장은 각각 '쇼져의', '시젼을', '가져다가', '뵈리라'로 분리하였다. 이상적인 분석은 형태소 단위의 매트릭스를 구축하고, 동일 인물에 대한 이칭을 통일하거나 배제하는 것이다. 이는 '쇼져의'를 형태소 단위로 '쇼져', '의', '쇼져의'로 모두 분리 및 혼합하고, '소경, 소현성, 한림, 승상' 등의 호칭을 모두 삭제하거나, 하나로 통일하여 분석하는 것을 의미한다. 이러한 이상적인 분석은 어절 매트릭스보다 정확한 문체 분석 결과를 도출할 수 있다. 다만, 중세 국어에 적용 가능한 자연어 형태소 분석기가 현존하지 않는 현실적인 문제와 동일 인물에 대한 서로 다른 호칭을 일종의 문체적 요소로 파악할 수 있다는 것 등을

표 2.3.「소현성록」연작 이본별 어절 매트릭스 예시.

구분	쇼져의	시젼을	가져다가	뵈리라	구분	쇼져의	시젼을	가져다가	뵈리라
이대:본전별서	0	0	0	0	규장각본: 본전별서 없음				
이대:소현성	7	2	11	1	규장각:소현성	5	4	6	1
이대:소운경	6	0	1	0	규장각:소운경	5	0	0	0
이대:소운희	0	0	0	0	규장각:소운희	0	0	0	0
이대:소운성	1	0	5	1	규장각:소운성	6	0	1	0
이대:소운숙	0	0	0	0	규장각:소운숙	0	0	0	0
이대:소운명	12	0	2	0	규장각:소운명	15	0	3	1
이대:기타	2	0	0	0	규장각:기타	2	0	0	0
이대:소수빙	26	0	2	0	규장각:소수빙	5	0	0	0
이대:소수주	0	0	0	0	규장각:소수주	0	0	0	0
이대:후일담	0	0	2	0	규장각:후일담	0	0	0	0
이대:몽유록	0	0	0	0	규장각:몽유록	0	0	0	0

고려하여 이 책에서는 어절 단위로 매트릭스를 구성하였다. 이를 통하여 도출된 이본별 어절 매트릭스 결괏값은 다음의 샘플과 같다.

표 2.3에서 보는 것처럼 '소져의'는 이대 15권본 본전별서에는 출현하지 않고, '이대: 소현성'에서는 7번 출현한다. 그리고 '시젼을'은 '이대: 소현성'에서 2번, '규장각: 소현성'에서 4번 출현한다는 것을 알 수 있다. 이런 형태로 어절 매트릭스에서는 '쇼져의'나 '시젼을'과 같은 어절 총 43,767개에 대한 이본과 단위담별 출현 양상이 나타난다.

그다음은 앞의 어절 매트릭스의 값을 토대로 각 이본과 단위담별로 상관 관계 분석을 진행하였다. 상관 분석은 두 변수 간의 선형적 관계 유형을 분석하는 방법이다. 여기서는 어절 매트릭스에서 출현하는 총 43,767건의 각 이본과 단위담별 출현 양상을 총괄하여 상관 지수를 도출한다. 상관 지수의 최댓값은 +1이고, 최솟값은 −1이다. 일반적으로 ±0.7 이상이면 강한 상관 관계로 보고, ±0.7~±0.3이면 뚜렷한 상관 관계로 보며, ±0.3 이하는 약한 상관 관계로 판단한다. 예를 들어서 '쇼져의'는 '이대: 소운명', '이대: 소수빙', '규장각: 소운명'에서 많이 출현하기에 이들 각각의 이본과 단위담 간의 양적(+) 상관 관계가 높다. 반대로 '시젼을'이 하나도 출현하지 않은 '이대: 본전별서'와 '이대: 소운경'은 서로 관계가 아예 없기에 상관 관계가 0이다. 다만 주의해야 할 점은 실제 상관 분석에서는 '쇼져의'나 '시젼을'과 같은 몇몇 특정 어절만을 대상으로 상관 분석을 진행하는 것이 아니라, 43,767개의 어절 모두의 단위담별 출현값을 연산하여 상관 지수를 도출한다는 것이다.

딥러닝 기반 고전 소설 유형 분석 프로세스

딥러닝은 특정 대상을 분류하는 데 강력한 성능을 발휘한다. 따라서 딥러닝 기법을 활용한 유형 연구는 기존의 체계적인 유형 연구를 보완하는 측면에서 효과적이라고 할 수 있다. 딥러닝은 기본적으로 라벨드 데이터에 대한 학습을 수행하고, 라벨드 데이터에는 기존 연구의 체계가 담기기 때문이다. 따라서 딥러닝 기법은 연구자들에게 통용될 수 있는 유형 체계를 기반으로 각 유형의 문체적 특징을 계량적으로 산출하여 객관적인 분류 기준을 마련할 수 있고, 이를 통해 기존 연구에서 분류가 어려웠던 작품들의 유형을 객관적인 분류 기준을 바탕으로 판정하는 것이 가능하다. 이에 따라 이 책에서는 딥러닝을 통한 경판 방각본 소설의 유형을 분류하는 프로세스를 살펴본다.

딥러닝을 통해 경판 방각본 소설의 유형을 분류하는 프로세스는 크게는 두 가지 과정으로 진행된다. 하나는 딥러닝 소설 유형 분류

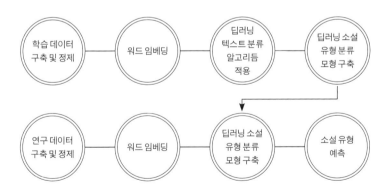

그림 2.2. 딥러닝 경판 방각본 소설 유형 분류 프로세스.

모형을 구축하는 과정이고, 다른 하나는 이를 통해 경판 방각본 소설들의 유형을 예측하는 과정이다. 이러한 과정은 순차적으로 보면 세 단계로 이루어진다.

첫 번째는 학습 및 연구 데이터를 구축하고 정제하는 단계이다. 이 단계에서는 먼저 경판 방각본 소설 데이터를 수집하고, 기존 연구에서의 소설 유형 분류를 참조하여 학습 데이터와 연구 데이터를 선정했다. 경판 방각본 소설 53종은 표 2.4와 같이 일곱 가지 유형으로 구분된다.[9] 이 책에서는 이를 바탕으로 딥러닝을 위한 유형 분류 체계를 마련할 것이다. 그런데 딥러닝을 통한 유형 분류 모형 구축을 위해서는 유형성이 비교적 명확한 학습 데이터가 필요하다.

딥러닝 유형 분류에서 사용되는 데이터는 기본적으로 라벨드 데이터의 형식을 가지는데, 이는 최초의 분류 기준점을 기본적으로 사람이 지정해 주어야 한다는 의미이다. 특히 인문학 관련 데이터는 명확한 '정답'이 없는 경우가 많기에 더욱 신중하게 각 유형별 대표 작품을 선택할 필요가 있다. 또한 딥러닝에서 학습 데이터를 크게 훈련용 데이터와 테스트용 데이터로 구분한다. 훈련용 데이터로 훈련을 진행하고, 훈련에서 사용되지 않은 테스트용 데이터로 모형의 정확도를 측정한다.

또 학습 데이터에는 훈련용 데이터와 테스트용 데이터가 별도로 필요하기에 하나의 유형에 해당하는 작품들이 일정 수 이상 존재해야 한다. 앞의 표에서 이러한 두 가지 조건을 만족시키는 유형 분류는 영웅 소설, 가정 소설, 윤리 소설, 애정 소설이다. 기타 소설은 어

표 2.4. 경판 방각본 소설의 유형별 분류.

유형	제목	개수
영웅 소설	구운몽, 금방울전, 김원전, 김홍전, 남정팔난기, 소대성전, 용문전, 월왕전, 임장군전, 임진록, 장경전, 장백전, 장풍운전, 전우치전, 정수정전, 조웅전, 현수문전, 홍길동전, 황운전	19
번역 번안 소설	강태공전, 곽분양전, 금향정기, 당태종전, 도원결의록, 삼국지, 서유기, 수호지, 설인귀전, 장자방전	10
애정 소설	백학선전, 숙영낭자전, 숙향전, 쌍주기연, 양산백전, 옥주호연, 춘향전	7
윤리 소설	심청전, 이해룡전, 장한절효기, 적성의전, 진대방전, 홍부전	6
가정 소설	사씨남정기, 양풍전, 장화홍련전	3
역사 소설	신미록, 울지경덕전	2
기타	금수전, 삼설기, 월봉기, 제마무전, 징세비태록, 토생전	6

느 유형에 속하는지 판별할 수 없는 개성적인 작품들을 모아 놓은 분류이고, 번역 번안 소설은 작품의 유형성이 아닌 국적에 따른 분류이기 때문에, 문체적 유형성을 판별하는 딥러닝 기법의 유형 분류 체계로 부적합한 것이다. 또 역사 소설은 딥러닝을 위한 훈련 및 테스트용 데이터로 사용하기에는 해당 작품의 수가 너무 부족하였다. 따라서 이 책에서는 영웅 소설, 가정 소설, 윤리 소설, 애정 소설의 네 가지 유형 체계를 바탕으로 다음의 표 2.5와 같이 데이터를 분류하여 구축하였다.

표 2.5에서 학습 데이터는 학계에서 누구나 해당 유형에 속한다고 인정할 만한 작품들을 대상으로 선정하였고, 학습 모형을 통해서 연구할 데이터는 유형 귀속에 있어서 이견이 존재하는 작품들을 중심으로 텍스트 데이터를 구할 수 있는 경판 방각본 작품들을 선정하였다.

이후 학습 데이터에 해당하는 작품들은 표 2.6의 예시와 같이 딥러닝 분석을 위해 띄어쓰기를 포함한 256글자씩으로 분절하였고, 총 379,785자가 1,102개로 분절된 텍스트와 그에 대응하는 소설 유형을 표시한 데이터로 정제했다. 이렇게 고전 소설 유형별로 학습 데이터를 구축하고 정제한 결과는 표 2.7과 같다.

학습 데이터를 256 글자 단위로 분절한 이유는 글자 수가 256자보다 적으면 딥러닝 알고리듬의 문체 식별 능력이 다소 떨어졌고, 256자보다 많으면 학습 데이터 개수가 과도하게 적었기 때문이다. 물론 256자의 글자 단위가 아닌 연구자가 판단하는 최소한의 의미 단위로 분리하는 방법도 고려할 수 있다. 하지만 연구자의 주관을 배제하고 최

표 2.5. 유형별 딥러닝 데이터 분류.

유형	학습 데이터	연구 데이터
영웅 소설	임장군전, 조웅전, 소대성전	정수정전, 황운전, 금방울전, 장백전, 장풍운전, 현수문전
가정 소설	사씨남정기, 장화홍련전	양풍전
윤리 소설	적성의전, 진대방전	심청전, 흥부전, 장한절효기
애정 소설	숙향전, 숙영낭자전	백학선전, 쌍주기연, 양산백전, 옥주호연

표 2.6. 딥러닝을 위해 정제한 데이터 샘플.

label	text
hero	화셜듸송사절의 금능쯔히 일위지샹이 이스되 셩은 쟝이오 일흠은 히니 초년등과ᄒ여 니부살랑의 니른지라 위인이 충효정직ᄒ므로 소인의 무리로 더부러 샹합지 못ᄒ미 샹표ᄉ직ᄒ고 고향의 도라 부인 양시로 더브러 농업을
hero	힘쓰니 가산이 부요ᄒ되 다만 무ᄌ호믈 슬허ᄒ더니 일일은 양시 일몽은 어드되 하늘노셔 션관이 홍포옥듸로 ᄂ려와 니르되 그듸 무ᄌ하므로 슬허ᄒ믈 옥졔계셔 어엿비녀기ᄉ 귀ᄌ를 졍지ᄒ시ᄂᄂ 귀히길너 문호를 빗ᄂ
hero	ᆞ라 ᄒ거늘 놀ᄂᄉᆡ다라 사랑을 쳥ᄒ여 몽ᄉ를 니르며 셔로 깃거ᄒ더니 과연 그달봇터 ᄐᄀ이셔 십삭만의 일지 옥동을 싱하니 사랑이 디희ᄒ여 부인을 위로ᄒ며 아ᄒ를 본즉 비록 강보의 이스ᄂ 강산슈지 이우의

표 2.7. 유형별 딥러닝 학습 데이터 구축 및 정제.

구분	작품명	문자수	분절수
영웅 소설 유형	임장군전	24,707	97
	조웅전	30,524	120
	소대성전	17,946	71
	계	73,177	288
가정 소설 유형	사씨남정기	57,015	224
	장화홍련전	18,433	73
	계	75,448	297
윤리 소설 유형	적성의전	21,001	83
	진대방전	33,396	132
	계	54,397	215
애정 소설 유형	숙향전	57,371	226
	숙영낭자전	19,392	76
	계	76,763	302
합계		379,785	1,102

대한 객관적으로 분석하는 것이 합당하다는 판단에서 글자 수 단위로 분절하였다. 이러한 정제 방식은 데이터 형식의 통일을 위해서 연구 데이터에 해당하는 작품에도 동일하게 적용하였다.

두 번째 단계는 정제된 학습 데이터를 토대로 인공 지능 딥러닝을 활용하여 소설 유형 분류 모형을 구축하는 것이다. 세 번째 단계는 구축된 모형을 토대로 정제된 연구 데이터의 소설 유형을 예측하는 것이다. 이러한 소설 유형 분류 모형 구축과 소설 유형 예측은 Colab 환경에서 진행하였고, 딥러닝 문서 분류 모형은 ULMFiT(Universal Language Model Fine-tuning)을 적용한 FastAI를 기반으로 했다.

ULMFiT은 '텍스트 분류를 위한 범용 언어 모형 미세 조정'의 약자로서 WikiText 103 코퍼스에 대한 비지도 학습(unsupervised learning)을 통해서 문장에서 다음 단어를 예측할 수 있는 언어 모형을 구축하는 전이 학습(transfer learning) 기술로, 드롭아웃(dropout)이 적용된 다수의 LSTM(long short-term memory models, 장단기 기억 모형) 레이어를 사용하고 있다.

여기에서 개념의 이해를 돕기 위해 비지도 학습, 전이 학습, 드롭아웃, LSTM 등의 용어를 간략히 설명하면 다음과 같다.

비지도 학습이란 데이터에 대한 명시적인 정답이 주어지지 않은 상태에서 컴퓨터에게 학습시키는 방법이다. 비지도 학습은 인간의 언어가 명확한 답을 제시하기가 어려운 측면이 있기에 사용되며, 특히 워드 임베딩(word embedding) 모형에서는 유사한 형태소, 문장 등의 군집화(clustering), 연상(association) 등을 위해서 사용된다.

전이 학습이란 학습 데이터가 부족하거나 충분하지 않은 분야의 모형 구축을 위해 데이터가 풍부한 분야에서 훈련된 모형을 재사용하는 머신 러닝 학습 기법이다. 예를 들어서, 학습 데이터가 부족한 중세 국어에 대한 분석을 위해서 우선 현대 국어 데이터로 구축된 모형을 만들고, 그 모형을 토대로 중세 국어를 추가 학습시키는 방식으로 이해해도 무방하다.

드롭아웃은 딥러닝에서 과적합(overfitting)을 줄이고, 학습 속도를 개선하기 위해서 고안된 방법으로, 임의의 뉴런 연결을 삭제하는 것이다. 예를 들어, 인간과는 달리 모든 것을 기억하는 컴퓨터에게 응용 능력을 부여하기 위하여 100개의 문제를 풀게 하고, 그중에 임의의 50개의 문제를 풀었던 기억은 삭제한 다음 100개의 문제를 다시 풀게 하는 것이다.

LSTM은 RNN(recurrent neural networks, 순환 신경망)을 바탕으로 고안된 것이다. RNN은 이미지에서 자주 쓰이는 CNN(convolutional neural networks, 합성곱 신경망)에서 지원하지 못하는 순서성이 있는 데이터 처리에 적합하다. 그런데 RNN 모형은 읽은 시간이 오래된 형태소나 문장을 제대로 기억하지 못하여 학습 능력이 저하되는 문제가 있었다. 이에 LSTM은 RNN의 구조를 발전시켜서 오래된 정보를 유지할 수 있도록 한 모형이다.

컴퓨터 공학에서는 분산 의미(distributional semantics) 개념을 기반으로 최대한 텍스트가 내포한 모든 의미를 반영하여 숫자로 변환하는 방향으로 발전하고 있다. 전통적인 방식의 분석에서는 개별 형태소의 출현 빈도를 중심으로 연산을 수행하였기에 개별 형태소가 내포하고 있는 문맥적인 의미에 대해서 간과하는 측면이 있었다. 현재는 아직 완전하지는 않지만, 동일 문장 혹은 문맥에 등장하는 형태소를 통해서 개별 형태소의 문맥적 의미를 반영하고 있다.

계층 분석을 통한 고전 소설 저자 판별

「소현성록」 연작의 작자는 동일한가?

고전 소설 작품 대부분은 저자가 누구인지 밝혀져 있지 않다. 그나마 저자가 밝혀진 작품들도 대부분 비평의 양상을 통해서 확인이 될 뿐인데, 소설을 배격하던 조선 시대의 사회적 분위기 속에서 고전 소설을 창작한 작자가 자신을 드러내는 경우가 거의 없었던 것이다.

다양한 고전 소설 중에는 대하 소설이라고 불릴 만큼 방대한 분량을 지닌 작품도 존재한다. 이 작품들은 2부작, 3부작, 4부작 등 연작의 형식으로 구성된 작품들이 대부분이다. 연작형 국문 장편 소설이라고 불리는 이 작품들은 소설 독자층이 사대부 부녀자들까지 확대되는 17세기의 시대적 배경 속에서 탄생한 소설 유형으로 파악된다. 방대한 분량의 장편 소설을 일반 서민들이 향유하기는 어려웠을 것이기에, 대체로 이 작품들의 향유층은 양반 사대부 계층으로 추정되지만, 작자가 구체적으로 밝혀진 작품은 거의 없다.

연작형 국문 장편 소설은 본전과 별전의 연작 형식으로 구성되어 있기 때문에 작자와 관련한 또 다른 문제가 제기된다. 본전과 별전은 모두 주인공들의 일대기를 서술하는데, 본전이 1세대 주인공들의 이 야기를 다룬다면 별전은 그 자손들의 이야기를 다루는 세대록 형식 이 대부분이다. 이러한 작품들은 본전과 별전은 따로 놓고 본다고 해 도 한 편의 작품으로 파악될 만큼 완결성을 갖추고 있기 때문에, 본 전과 별전의 작자가 동일 인물인가 아닌가의 문제가 제기되기도 하 였다. 가문의 창달과 번영이라는 일관된 주제 의식을 구현한다는 측 면에서 작자를 동일 인물로 파악하기도 하였고, 연작 작품이 방대해 서 혼자서 쓰기 어렵고 본전과 별전의 성격이 다분히 다르기 때문에 전작의 인기에 편승해서 타인에 의해 연작된 것으로 보기도 한 것이 다. 하지만 이러한 저자 판별은 다분히 추정에 그치고 있거나, 연구자 의 주관적인 작품 분석에 의존하고 있는 것이 사실이다.

연작형 국문 장편 소설 중에서도 「소현성록」은 옥소(玉所) 권섭(權燮, 1671~1759년)의 『선비수사책자분배기(先妣手寫冊子分排記)』(1749년)에 적힌 "소현성록대소설15책(蘇賢聖錄大小說十五冊)"이라는 문구를 통해서 17세 기에 창작되었을 것으로 추정되는 작자 미상의 작품이다. 연작형 국 문 장편 소설 중 가장 초기의 작품으로 파악되는 「소현성록」은 주인 공 소현성의 일대기를 다룬 본전 「소현성록」과 소현성 자녀들의 일대 기를 구현하는 별전 「소씨삼대록」으로 구성되어 있다.

현존하는 「소현성록」의 이본은 총 20여 종이다. 20여 종의 「소현성 록」 이본 중 완질로 전하는 것은 국립중앙도서관 소장본(4권 4책), 이 화여대 소장본(15권 15책), 박순호 소장본(16권 16책), 서울대 규장각 소장 본(21권 21책), 서울대 도서관 소장본(26권 26책)이며, 이중 학계에서 선본

(先本)이자 선본(善本)으로 인정받는 이본은 이화여대 소장본(15권 15책)이다. 이러한 이본들에 대한 검토를 토대로 연구자들은 본전과 별전의 연작 관계에 대해 대립된 견해를 보여 준다. 하나는 본전 「소현성록」과 별전 「소씨삼대록」이 애초에 연작으로 창작되어 「소현성록」이라고 하는 단일 작품으로 합본되었다는 것이고,[10] 다른 하나는 원래 단일 작품이었던 「소현성록」이 「소현성록」과 「소씨삼대록」으로 분화되어 연작의 형태를 띠게 되었다는 것이다.[11] 「소현성록」의 연작 관계에 대한 논쟁은 자연스럽게 본전과 별전의 작자 동일성 여부로 이어진다.

「소현성록」 본전과 별전의 작자 동일성 여부에 대해서도 연구자들은 두 가지 대립된 견해를 제시하고 있다. 하나는 「소현성록」 본전과 별전이 합본되어 전해지고 동일한 시대, 배경, 인물을 바탕으로 동일한 내용 전개 방식을 통해 인물, 주제, 구조의 유사성을 보여 주기 때문에 동일인의 작품이라는 견해이다.[12] 다른 하나는 자손 수록 순서의 차이,[13] 등장 인물의 성격 차이,[14] 서술 방식의 차이,[15] 서술 시각 차이[16] 등을 통해서 본전과 별전이 서로 다른 인물에 의해 창작되었을 것으로 파악하는 견해이다. 이러한 내용을 종합해 정리해 보면, 「소현성록」의 연작 상황과 작자 문제는 세 가지 관점으로 구분할 수 있다.

첫째, 「소현성록」이라는 단일 작품이 「소현성록」과 「소씨삼대록」으로 분화되어 연작의 형태를 띠게 되었다는 관점. 둘째, 단일 작가에 의해 본전과 별전이 연작으로 창작되어 「소현성록」이라고 하는 단일 작품으로 합본되었다는 관점. 셋째, 본전 「소현성록」이 지어지고, 본전의 인기에 힘입어 이후 다른 작자에 의해 별전 「소씨삼대록」이 지어져 연작으로 형성되었다는 관점.

현재 「소현성록」의 연작 상황이나 작자 문제에 대한 논의는 여기에서 멈춰져 있다. 간혹 작품의 다른 주제에 대해 논의하면서 연작 상황이나 작자 문제를 간략히 언급하는 경우도 있지만, 더 이상의 본격적인 논의는 진행되지 못하고 있다. 이러한 상황에서 계층 분석을 통한 저자 판별은 계량적 문체라는 보다 객관적인 지표를 통해서 저자의 동일성 여부를 판별하고 나아가 연작 상황에 대한 이해를 도모할 수 있는 하나의 가능성을 제시해 준다.

「소현성록」 연작의 상관 분석 및 계층 분석 결과와 의미

그림 2.3은 어절 단위의 매트릭스를 기반으로, 「소현성록」(이화여대 소장본, 15권 15책)에 대한 권별 상관 관계를 분석한 결과이다. 「소현성록」 각 권은 대체로 0.7에서 ±0.1 정도의 수치로 비교적 강한 상관 관계를 보여 준다. 각 권이 70퍼센트 정도의 문체적 유사성을 보여 주는 것이다. 그런데 14권만은 0.5에서 ±0.05 정도로 다른 권들과 비교했을 때 비교적 낮은 상관 관계를 보여 준다. 다른 권들과는 달리 14권만은 문체적으로 상이하게 나타나는 것이다. 이는 이화여대 소장본이 최소 2명 이상의 서로 다른 문체적 특징이 함유되어 있다는 뜻으로, 이화여대 소장본 역시 저본(底本)이 아닌 필사본 중 하나로서 작자와 필사자들의 문체가 혼재되어 있음을 나타낸다.

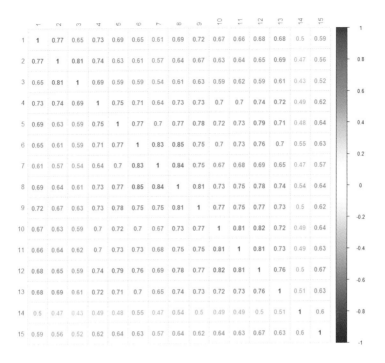

그림 2.3. 「소현성록」 권별 상관 분석 시각화.

　이화여대 소장 「소현성록」(15권 15책)은 옥소 권섭의 기록에 등장하는 "소현성록대소설15책"과 동일하게 여겨질 만큼 20여 종의 이본 중에서 가장 이른 시기의 이본이면서 동시에 내용적 완결성이 뛰어난 이본으로 파악되었다. 그런데 상관 관계 분석 결과는 이화여대 소장본이 최소 2명 이상의 서로 다른 문체적 특징을 함유하고 있음을 나타내고 있다. 이러한 결과는 "소현성록대소설15책"과 이화여대 소장 「소현성록」(15권 15책)이 책 수는 같지만 서로 다른 이본이거나, 만약 동일한 이본이라면 "소현성록대소설15책" 역시 저본을 재구성한 필사본임을 의미하는 것이다. 이러한 해석은 상관 관계 분석을 기반으로 한 계층 분석을 통해 보다 명확하게 살펴볼 수 있다.

그림 2.4~2.6은 이화여대 소장 「소현성록」(15권 15책)의 권별 계층 분석 결과이다. 그림에서 볼 수 있는 바와 같이 서로 다른 세 가지 기준으로 계층 분석을 수행했음에도, 결과적으로 동일하게 묶이는 '1, 2, 3, 4권 그룹', '6, 7, 8권 그룹', '10, 11, 12권 그룹', '14, 15권 그룹'을 확인할 수 있다. 즉 이화여대 소장 「소현성록」(15권 15책)은 이렇게 하나의 군집으로 묶이는 4개의 그룹과 이와는 별개로 분석 방법에 따라서 유동적인 성격을 보여 주는 5권, 9권, 13권으로 구성되어 있는 것이다.

이러한 계층 그룹은 3단계로 구조화된다. 1단계는 14, 15권 그룹과 1~13권 그룹의 구조이고, 2단계는 1~4권 그룹과 5권~13권 그룹의 구조이며, 3단계는 6, 7, 8권 그룹과 10, 11, 12권 그룹의 구조이다. 그리고 이러한 단계별 계층 분석 결과는 3단계에서 1단계로 올라갈수록 문체적으로 더욱 큰 차이를 지닌다. 그런데 기존의 선행 연구를 바탕으로 계층 분석 결과를 검토하면 단계별로 다음과 같은 특징들을 살펴볼 수 있다.

① 1단계: 계층 분석 결과 소수주 이야기가 별개의 문체로 나타난다.

② 2단계: 계층 분석 결과 본전과 별전의 문체가 상이하게 나타난다.

③ 3단계: 계층 분석 결과가 기존에 인물별 단위담을 구분한 것과 유사하게 나타난다.

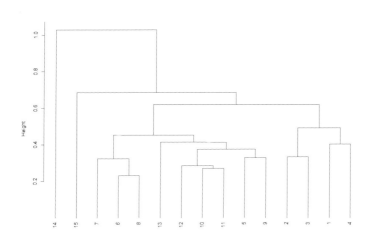

그림 2.4.「소현성록」권별 군집 분석 시각화(평균 거리 기준).

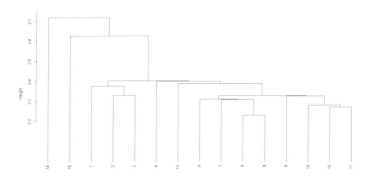

그림 2.5.「소현성록」권별 군집 분석 시각화(근접 거리 기준).

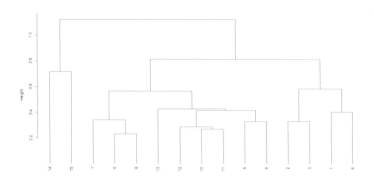

그림 2.6. 「소현성록」 권별 군집 분석 시각화(먼 거리 기준).

먼저 3단계는 5~13권 그룹 내의 계층 분석 결과로서 6~8권 그룹과 10~12권 그룹, 그리고 분석 방식에 따라서 유동적인 성격을 보여주는 5권, 9권, 13권 각각으로 나뉜다. 여기에 1, 2단계에서 분리되었던 1~4권 그룹과 14~15권 그룹까지 포함했을 때, 계층 분석 결과는 기존의 인물별 단위담을 구분한 것과 많은 부분 유사한 그룹을 형성하고 있다. 표 2.7에서 제시한 바와 같이 1~4권 그룹은 ①, ②에 해당되고, 6, 7, 8권 그룹은 ④에 해당되며, 10, 11, 12권 그룹은 ⑤에, 14, 15권 그룹은 ⑦, ⑧, ⑨에, 13권의 경우는 ⑥에 해당되는 것이다. 개별적으로 구분되는 5권, 9권의 경우는 단위담과 단위담이 연결되는 지점에 놓여 있다. 즉 5권은 ③ 소운경의 단위담과 ④ 소운성의 단위담이 함께 있는 분량이고, 9권은 ④ 소운성의 단위담과 ⑤ 소운명의 단위담이 함께 있는 분량이다. 5권과 9권은 또한 기타 자녀들의 과거 급제, 혼인 등의 이야기를 함께 담고 있는 분량이기 때문에 서로 다른 문체가 섞여 있어 특정한 계층을 형성하지 못하고 분석 방식에 따라서 다른 결괏값이 나오는 것으로 파악할 수 있다.

이러한 계층 분석 결과는 단위담에 따라서 문체가 각각 다르다는 것으로 해석할 수 있다. 이는 몇 가지의 가능성을 시사해 준다. 하나는 작자가 이야기 단위담별로 상이한 문체를 사용하여 작품을 창작하였을 것이라는 가능성이고, 다른 하나는 「소현성록」이 인물별 단위담별로 집단 창작되었을 가능성이다. 이는 조선 시대 소설 향유자들이 국문 장편 소설을 하나의 총체적 구조물이라기보다는 부분의 합으로 인식했을 것이라는 주장에 타당성을 제시해 준다.

다음으로 2단계는 1~4권 그룹과 5~13권 그룹으로 구분된다. 이 단계는 앞선 3단계보다 더 큰 문체적 차이를 지니는 계층들의 그룹으로, 본전과 별전의 문체적 차이를 보여 주는 것으로 이해할 수 있다. 1~4권은 소현성의 단위담을 다루는 본전이고, 5~13권은 별전에 해당되기 때문이다. 이는 자손 수록 순서의 차이, 인물 성격의 차이, 서술 시각의 차이 등을 통해 본전과 별전의 저자가 다를 것으로 추정했던 기존 연구의 주장에 보다 객관적인 근거를 제시해 준다. 연구자의 주관적 기준이 아닌, 계량적 문체 지표라는 객관적인 기준을 통해 본전과 별전의 문체가 상이함을 증명해 주기 때문이다.

마지막으로 1단계는 1~13권, 14~15권으로 구분되는데, 이는 가장 큰 문체적 차이를 보여 주는 그룹이다. 14~15권에는 소수주 단위담, 소씨 가문의 후일담, 「유문성 자운산 몽유록」이 담겨 있다. 이중에

표 2.7. 계층 분석과 단위담 구분의 관계.

계층 그룹	인물별 단위담 구분	비고
1~4권 그룹	① 소승상 본전별서: 1권 1~3쪽	본전
	② 소현성 단위담: 1권 4쪽~4권 126쪽	
5권	③ 소운경(長子) 단위담: 5권 1~54쪽	별전
	기타 1. 소운희(次子)의 혼인	
	④ 소운성(三子) 단위담: 5권 55쪽~5권 128쪽	
6~8권 그룹	④ 소운성(三子) 단위담: 6권 1쪽~8권 105쪽	
9권	④ 소운성(三子) 단위담: 9권 1쪽~9권 79쪽	
	기타 2. 소운숙(六子)의 혼인	
	⑤ 소운명(八子) 단위담: 9권 85쪽~9권 109쪽	
10~12권 그룹	⑤ 소운명(八子) 단위담: 10권 1쪽~12권 78쪽	
	기타 3. 소현성의 제자들, 소수정, 소수옥, 소수아의 혼인	
	⑥ 소수빙(四女) 단위담: 12권 94쪽~12권 134쪽	
13권 그룹	⑥ 소수빙(四女) 단위담: 13권 1쪽~13권 140쪽	
14, 15권 그룹	⑦ 소수주(五女) 단위담: 14권 1쪽~14권 66쪽	
	⑧ 소씨 가문의 후일담: 14권 66쪽~15권 103쪽	
	⑨「유문성 자운산 몽유록」: 15권 103쪽~108쪽	

서 소수주 단위담은 앞의 사건들과 긴밀하게 연결되지 않는다는 지적을 받아 왔다. 심지어 소수주 단위담만 독립되어 존재하는 「황후별전」이 오히려 자연스럽다고 주장하기도 하였다. 이는 소수주 단위담이 「소현성록」의 다른 단위담들과 내용적으로도 분리되어 있다는 것으로, 현존하는 「소현성록」의 성립 과정 또는 연작 상황의 단면을 보여 주는 것으로 이해할 수 있다. 즉 필사자가 기존의 작품에 소수주 단위담을 삽입하여 현존하는 「소현성록」으로 재구하였을 가능성을 보여 주는 것이다.

계층 분석에 나타난 문체적 차이는 이러한 「소현성록」 재구 과정의 보여 주는 근거라고 할 수 있다. 앞의 그림 2.3에서 소수주 단위담만을 담고 있는 14권이 문체적으로 가장 낮은 상관 지수를 보여 준다는 것은 결국 필사자에 의해 소수주 단위담이 삽입되었다는 것을 의미하기 때문이다. 또한 그림 2.4~2.6에서 15권이 14권과 그룹을 형성하기도 하고 분리되기도 하는 것 역시 마찬가지의 의미를 지닌다. 14권은 소수주 단위담과 소씨 가문 후일담의 일부가 담겨 있고, 15권은 소씨 가문 후일담 나머지와 「유문성 자운산 몽유록」을 담고 있다. 15권이 계층 분석 방식에 따라서 14권과 그룹을 형성하기도 하고, 1~13권과 그룹으로 묶이기도 하는 것은 필사자가 소수주 단위담을 삽입하면서 15권의 내용을 변개(變改)하였기 때문으로 파악되는 것이다. 즉 15권은 기존 작품의 내용과 필사자가 삽입하고 변개한 내용이 종합되어 있는 부분으로서, 문체적으로 일정 부분은 14권과 가깝고 또 다른 부분은 1~13권과 가까운 것으로 이해할 수 있는 것이다.

이러한 결과에 따른다면 현존하는 이본 중 가장 이른 시기의 것으로 파악되는 이화여대 소장본(15권 15책)이 권섭의 기록에 나오는 "소현성록대소설15책"과 다르다는 주장을 도출할 수 있고, 「소현성록」의 저자 문제와 연작 상황에 대한 새로운 논의의 가능성도 제시해 준다. 즉 계층 분석 결과는 본전 「소현성록」이 지어지고, 본전의 인기에 힘입어 후대에 다른 작자에 의해 별전 「소씨삼대록」이 지어져 연작으로 형성되었다는 견해의 새로운 근거가 될 수 있는 것이다.

물론 문체가 상이하다는 것이 100퍼센트 저자가 다름을 나타내는 것은 아니다. 단일 작가가 상이한 문체를 자유자재로 구사하며 「소현성록」 연작을 창작하였을 가능성 역시 아예 부정할 수는 없기 때문이다. 하지만 문체가 한 사람 고유의 특성이라는 점에서 문체가 상이할 경우 서로 다른 저자일 가능성이 더욱 크다. 따라서 계층 분석 결과를 통해 볼 때 「소현성록」은 서로 다른 작가에 의해서 창작된 본전과 별전의 합본으로 형성되었을 것으로 이해할 수 있다.

계층 분석을 통한 고전 소설 이본 연구

「소현성록」 연작의 이본 양상

이본 연구는 하나의 고전 소설 작품의 수많은 이본 중에서 선본을 선정하고, 이본 간의 계열을 분석하여 작품의 변이 과정을 파악하는 등 작품 이해에 가장 핵심적인 토대를 마련해 주는 필수 작업이다. 기존의 인문학적 이본 연구는 수많은 이본 하나하나를 꼼꼼히 대조하고 분석하는 방법을 통해 수행되었다.

더욱이 국문 장편 소설은 그 방대한 분량으로 인해 연구 진입 장벽이 매우 높은 편이다. 정밀한 대조 작업이 요구되는 이본 연구는 연구 성과를 정량적 수치로 요구하는 현대 사회의 연구 환경에서 더욱더 논의하기 어려운 것이 사실이다. 의미 있는 결과가 도출될 수 있을지도 불확실한 상황에서 방대한 분량의 이본들을 하나하나 대조하고 분석한다는 것은 연구자 개인에게 크나큰 부담이 되기 때문이다.

「소현성록」 연작은 이러한 어려움 속에서도 이본 연구가 진행되어 완질 이본 간의 상관 관계 및 선후 관계 등이 밝혀진 몇 안 되는 국문 장편 소설 중 하나이다. 「소현성록」 연작의 완질 이본은 5종으로 국립중앙도서관 소장본(4권 4책), 이화여대 소장본(15권 15책), 박순호 소장본(16권 16책), 서울대 규장각 소장본(21권 21책), 서울대 도서관 소장본(26권 26책)이다. 이중 국립중앙도서관 소장본(4권 4책)은 본전인 「소현성록」만을 필사한 것이고, 나머지 4종의 이본은 「소현성록」과 「소씨삼대록」을 모두 필사한 이본이다. 이러한 「소현성록」 연작의 이본들은 전반적으로 내용의 편차가 거의 없이 필사 전승된 것으로 파악된다. 다만 이화여대 소장본(15권 15책)과 서울대 도서관 소장본(26권 26책)은 이야기의 줄거리를 논리적으로 배열하는 데 비하여, 서울대 규장각 소장본(21권 21책)과 박순호 소장본(16권 16책)은 내용을 간략하게 생략하거나 설명 없이 넘어가는 부분이 발견된다고 하였다.[17]

「소현성록」 연작의 완질 이본들은 친소 관계에 따라서 '이화여대 소장본(15권 15책) → 서울대 도서관 소장본(26권 26책) 혹은 국립중앙도서관 소장본(4권 4책) → 서울대 규장각 소장본(21권 21책) → 박순호 소장본(16권 16책)'의 선후 관계에 놓여 있는 것으로 파악되며, 앞의 세 이본은 이화여대 소장본 계열로 뒤의 두 이본은 서울대 규장각 소장본 계열로 구분된다.[18]

이러한 연구 성과들은 국문 장편 소설 연구자들이 수많은 시간과 노력을 들여서 「소현성록」 연작의 이본들을 섬세하게 비교, 분석하여 지표가 될 수 있는 내용적 특징이나 서술적 특징들을 찾아낸 결과물이다. 하지만 필사기와 같은 객관적인 근거가 없는 상황이기 때문에 연구자의 주관적 판단에 따라 이본 간의 상대적인 선후 추정만이 가능했다.

계량적 문체를 바탕으로 한 계층 분석은 이러한 상황에 도움을 줄 수 있는 하나의 방법론을 마련해 준다. 문체적 특징을 바탕으로 국문 장편 소설 이본 간의 상관 관계를 파악하는 디지털 계층 분석은 객관적 지표를 통하여 기존의 인문학적 이본 연구를 보완할 수 있는 하나의 방안을 제시해 주는 것이다.

「소현성록」 연작 이본의 상관 분석 결과와 의미

표 2.8은 「소현성록」 연작 두 계열의 대표 이본인 이화여대 소장본(15권 15책, 이하 이대 15권본)과 서울대 규장각 소장본(21권 21책, 이하 규장각 21권본)을 인물별 단위담을 기준으로 텍스트를 분절하고, 어절 매트릭스를 구축하여 문체적 상관 관계를 계량적으로 파악한 것이다. 전반적으로 두 이본은 음적 상관 관계가 존재하지 않으며, 모두가 양적 상

관 관계를 보여 준다. 내용의 편차가 거의 없다고 파악되는 이본들이 기에 어쩌면 당연한 결과라고 할 수 있다. 상관 분석 결과를 구체적으로 살펴보면 다음과 같다.

먼저 각 이본은 중심 인물의 구체적인 서사가 전개되는 내부 단위담 간의 상관성이 높게 나타나고 있다. 예를 들어 이대 15권본의 경우 '이대: 소운성'과 '이대: 소운명'은 0.84의 수치로 가장 높은 상관성을 보이고, '이대: 소운명'과 '이대: 소수빙' 0.80, '이대: 소현성'과 '이대: 소운성' 0.79, '이대: 소현성'과 '이대: 소운명' 0.78, '이대: 소현성'과 '이대: 소수빙' 0.78로 높은 상관 수치를 보여 주는 것이다. 그런데 '이대:본전별서'와 '이대: 소운희'는 0.01로 매우 낮은 상관 관계를 보이고, '이대: 소운성'과 '이대: 소운희'도 0.2로 상당히 낮은 상관 관계를 보이고 있다. 주변 인물들의 짧은 단위담들은 대체로 낮은 상관 관계를 보이는 것이다. 이러한 내부 단위담 간의 상관 관계는 규장각 21권본에도 유사하게 나타나고 있다.

다음으로 이대 15권본과 규장각 21권본 간의 관계를 살펴보면, 소현성의 일대기를 다룬 '이대: 소현성'과 '규장각: 소현성'의 경우 0.63으로 비교적 높은 상관 관계가 보이기는 하지만, 각 이본 내부 단위담 간의 유사도보다는 일반적으로 낮게 나오고 있다. 즉 두 이본 간의 문체적 차이가 나타나고 있는 것이다. 그런데 특이하게도, '이대: 소수주'와 '규장각: 소수주', '이대: 몽유록'과 '규장각: 몽유록'과 같이 각각의 동일 판본 내부 단위담의 상관 관계보다 이종 판본의 동일 단위담 간의 상관 관계가 더 강한 단위담도 일부 발견되고 있다.

표 2.8. 이대 15권본과 규장각 21권본의 단위담별 상관 관계.

	이대본 전행서	이대 소현성	이대 소운경	이대 소운희	이대 소운성	이대 소운숙	이대 소운명	이대 가타	이대 소수빙	이대 소수주	이대 후원담	이대 동유록	규장각 소현성	규장각 소운경	규장각 소운희	규장각 소운성	규장각 소운숙	규장각 소운명	규장각 가타	규장각 소수빙	규장각 소수주	규장각 후원담	규장각 동유록
이대본 전행서	1	0.12	0.11	0.01	0.12	0.06	0.12	0.12	0.11	0.10	0.15	0.09	0.09	0.10	0.03	0.09	0.05	0.09	0.09	0.07	0.05	0.11	0.06
이대 소현성	0.12	1	0.63	0.19	0.79	0.51	0.78	0.45	0.78	0.42	0.69	0.25	0.63	0.38	0.14	0.46	0.28	0.47	0.27	0.41	0.22	0.41	0.16
이대 소운경	0.11	0.63	1	0.19	0.67	0.44	0.67	0.46	0.67	0.33	0.62	0.26	0.36	0.57	0.11	0.38	0.20	0.37	0.24	0.33	0.17	0.36	0.17
이대 소운희	0.01	0.19	0.19	1	0.20	0.16	0.21	0.15	0.18	0.08	0.18	0.06	0.10	0.09	0.16	0.10	0.09	0.10	0.10	0.09	0.03	0.10	0.06
이대 소운성	0.12	0.79	0.67	0.20	1	0.57	0.84	0.52	0.79	0.45	0.72	0.27	0.44	0.37	0.12	0.59	0.29	0.48	0.26	0.37	0.23	0.40	0.15
이대 소운숙	0.06	0.51	0.44	0.16	0.57	1	0.57	0.40	0.52	0.22	0.45	0.12	0.26	0.19	0.07	0.26	0.52	0.28	0.15	0.21	0.10	0.19	0.07
이대 소운명	0.12	0.78	0.67	0.21	0.84	0.57	1	0.54	0.80	0.42	0.73	0.26	0.44	0.38	0.11	0.46	0.28	0.59	0.27	0.37	0.21	0.39	0.15
이대 가타	0.12	0.45	0.46	0.15	0.52	0.40	0.54	1	0.52	0.25	0.50	0.18	0.25	0.25	0.07	0.27	0.20	0.29	0.46	0.24	0.12	0.26	0.11
이대 소수빙	0.11	0.78	0.67	0.18	0.79	0.52	0.80	0.52	1	0.42	0.70	0.25	0.46	0.43	0.12	0.46	0.28	0.47	0.30	0.52	0.23	0.40	0.14
이대 소수주	0.10	0.42	0.33	0.08	0.45	0.22	0.42	0.25	0.42	1	0.52	0.18	0.32	0.24	0.18	0.34	0.15	0.31	0.17	0.23	0.63	0.39	0.11
이대 후원담	0.15	0.69	0.62	0.18	0.72	0.45	0.73	0.50	0.70	0.52	1	0.28	0.43	0.38	0.15	0.44	0.24	0.44	0.28	0.35	0.29	0.59	0.17
이대 동유록	0.09	0.25	0.26	0.06	0.27	0.12	0.26	0.18	0.25	0.18	0.28	1	0.15	0.17	0.07	0.18	0.08	0.16	0.11	0.13	0.09	0.18	0.53
규장각 소현성	0.09	0.63	0.36	0.10	0.44	0.26	0.44	0.25	0.46	0.32	0.43	0.15	1	0.62	0.19	0.77	0.48	0.78	0.43	0.63	0.39	0.68	0.25
규장각 소운경	0.10	0.38	0.57	0.09	0.37	0.19	0.38	0.25	0.43	0.24	0.38	0.17	0.62	1	0.18	0.64	0.37	0.64	0.43	0.54	0.31	0.57	0.22
규장각 소운희	0.03	0.14	0.11	0.16	0.12	0.07	0.11	0.07	0.12	0.18	0.15	0.07	0.19	0.18	1	0.22	0.14	0.19	0.20	0.14	0.17	0.24	0.07
규장각 소운성	0.09	0.46	0.38	0.10	0.59	0.26	0.46	0.27	0.46	0.34	0.44	0.18	0.77	0.64	0.22	1	0.53	0.82	0.48	0.62	0.44	0.69	0.25
규장각 소운숙	0.05	0.28	0.20	0.09	0.29	0.52	0.28	0.20	0.28	0.15	0.24	0.08	0.48	0.37	0.14	0.53	1	0.52	0.35	0.38	0.22	0.40	0.14
규장각 소운명	0.09	0.47	0.37	0.10	0.48	0.28	0.59	0.29	0.47	0.31	0.44	0.16	0.78	0.64	0.19	0.82	0.52	1	0.49	0.63	0.41	0.69	0.24
규장각 가타	0.09	0.27	0.24	0.10	0.26	0.15	0.27	0.46	0.30	0.17	0.28	0.11	0.43	0.43	0.20	0.48	0.35	0.49	1	0.52	0.22	0.46	0.16
규장각 소수빙	0.07	0.41	0.33	0.09	0.37	0.21	0.37	0.24	0.52	0.23	0.35	0.13	0.63	0.54	0.14	0.62	0.38	0.63	0.52	1	0.30	0.54	0.19
규장각 소수주	0.05	0.22	0.17	0.03	0.23	0.10	0.21	0.12	0.23	0.63	0.29	0.09	0.39	0.31	0.17	0.44	0.22	0.41	0.22	0.30	1	0.46	0.12
규장각 후원담	0.11	0.41	0.36	0.10	0.40	0.19	0.39	0.26	0.40	0.39	0.59	0.18	0.68	0.57	0.24	0.69	0.40	0.69	0.46	0.54	0.46	1	0.24
규장각 동유록	0.06	0.16	0.17	0.06	0.15	0.07	0.15	0.11	0.14	0.11	0.17	0.53	0.25	0.22	0.07	0.25	0.14	0.24	0.16	0.19	0.12	0.24	1

AI가 내려온다

상관 지수만으로도 각각의 단위담 사이의 비교는 가능하다. 하지만 보다 명확하게 단위담 간의 관계 구조를 파악하고 이본 간의 관계를 파악하기 위해서는 상관 지수 결괏값을 바탕으로 한 계층 분석이 필요하다. 계층 분석은 상관 지수의 수치를 시각화하여 단위담 사이의 관계, 이본 간의 관계 등을 한눈에 들어오게 해 주는 장점이 있기 때문이다.

「소현성록」 연작의 이본별 계층 분석 결과와 의미

「소현성록」 연작의 계층 분석은 이본별 계층 분석과 이본 간 계층 분석의 두 가지 방식으로 진행하였다. 이본별 계층 분석은 두 이본 간의 변별성을 파악할 수 있고, 이본 간 계층 분석은 두 이본의 영향 관계를 파악할 수 있기 때문이다.

그림 2.7은 이대 15권본을 단위담별로 계층 분석한 것으로, 결과적으로 크게 세 단계로 그룹을 형성하고 있었다. 1단계는 '소운성, 소운명, 소수빙, 소현성, 후일담, 소운경'의 그룹이고, 2단계는 '소운숙, 기타, 소수주' 그룹이며, 3단계는 '본전별서, 몽유록, 소운희' 그룹이다. 이들 단계별 그룹은 1단계에서 3단계로 갈수록 문체적 차이가 크게 나타남을 의미한다. 단계별로 1단계 그룹에서 '소운성'과 '소운명'은 거의 같은 문체이고, '소수빙', '소현성', '후일담', '소운경'의 순으로 점차 문체가 상이해진다. 2단계에서는 '소운숙'과 '기타'가 거의 같은 문체이고, '소수주'의 문체가 보다 상이하며, 마지막 3단계에서는 '본전별서'와 '몽유록'의 문체가 거의 같고 '소운희'가 조금 상이한 것으로

나타난다.

　그림 2.8의 규장각 21권본에 대한 계층 분석 역시 이대 15권본의
분석 결과와 마찬가지로 세 단계의 그룹을 형성하고 있다. 1단계는
'소운성, 소운명, 소현성, 후일담, 소운경, 소수빙'의 그룹이고, 2단계
는 '소운숙, 기타, 소수주'의 그룹이며, 3단계는 '소운희, 몽유록' 그룹
이다.

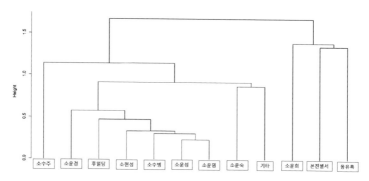

그림 2.7. 이화여대 소장본(15권 15책) 단위담별 계층 분석 시각화(평균).

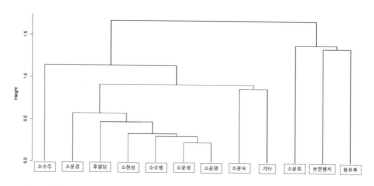

그림 2.8. 서울대 규장각 소장본(21권 21책) 단위담별 계층 분석 시각화(평균).

그런데 두 이본의 계층 분석 결과를 비교하면 조금은 상이한 지점들이 발견된다. 먼저 이대 15권본의 '소운희'와 '몽유록'은 조금 상이한 문체로 파악되는 반면, 규장각 21권본의 '소운희'와 '몽유록'은 거의 같은 문체로 파악된다. 이러한 차이는 규장각 21권본의 경우 '본전별서' 단위담이 없다는 점에서 비롯된다. 즉 규장각 21권본과 마찬가지로 이대 15권본의 '소운희'와 '몽유록'의 문체적 차이는 크지 않지만, 비교 대상으로서 '본전별서'가 존재하고, '본전별서'와 '몽유록'의 문체적 유사성이 '소운희'와 '몽유록'의 문체적 유사성보다 비교적 더 크기 때문에 이러한 결과가 나타나는 것이다.

  또 두 이본은 '소운성'과 '소운명'의 상관 관계가 가장 높다는 것은 일치하지만, 그다음 단위담들은 문체적 유사성 계층이 조금은 다르게 나타난다. 이대 15권본은 '소수빙 > 소현성 > 후일담 > 소운경'의 순으로, 규장각 21권본은 '소현성 > 후일담 > 소운경 > 소수빙'의 순으로 '소운성', '소운명'과 유사한 문체를 보이는 것이다. 세부적으로 살펴보면, '소현성'과 '후일담'은 두 이본에서 모두 비교적 강한 상관 관계를 지속적으로 가지는 반면에, '소수빙'과 '소운경' 간의 문체적 상관도는 이대 15권본과 규장각 21권본이 완전 상이하게 나타난다. 이대 15권본에서는 '소수빙'과 '소운경'이 중간에 '소현성'과 '후일담'을 거쳐서 상관 관계를 맺고 있는 데 반하여, 규장각 21권본에서는 '소현성'과 '후일담' 이후에 '소운경'과 '소수빙'이 유사한 문체로 묶여 있는 것이다.

  이러한 차이는 규장각 21권본의 경우 '소수빙'의 일부만이 필사되어 있기 때문에 비롯된 것으로 이해할 수도 있다. 하지만 상관 분석과 계층 분석은 분석 단위의 분량에 크게 상관없이 계량적 문체 지표의 평균치로 이루어진다. 그리고 규장각 21권본은 필사자가 여러 이본을 대본으로 삼아서 필사하는 과정에서 유교적 이념을 고양하려는 필사자의 의도가 강하게 반영된 이본으로 파악된다.[19] 즉 규장각 21권본에는 필사자의 문체적 특성이 강하게 반영되어 있다는 것이다. 따라서 규장각 21권본의 '소운경'과 '소수빙'에는 필사자의 문체가 강하게 반영되어, 이 둘이 문체적으로 비교적 가깝게 된 것으로 이해할 수 있다. 이는 '소운경'이 필사자들에 의해서 변주가 된 지점으로 파악되는 측면에서도 확인할 수 있다. 「소현성록」의 변이 과정에서 소현성의 첫 번째 부인인 화 부인과 장자 운경에 대한 긍정적인 형상화가 이루어지고,[20] 「소현성록」과 상호 텍스트적 관계에 있는 「자운가」의 이본이 「소현성록」의 서술 시각을 충실히 따르는 연대본 「자운가」에서 소현성의 원비인 화 씨와 그녀의 소생들을 높게 평가하는 성대본 「자운가」로 변모하고 있다[21]는 논의들이 그것이다.

이러한 차이를 제외하면 두 이본의 계층 분석은 동일한 결과를 보여 준다. 동일한 결괏값에서 주목되는 점은 '소운성'과 '소운명'이 깊은 문체적 상관성을 지니고 있으면서, '소현성'과 문체적 거리를 형성하고 있다는 것이다. '소현성'이 본전이고 '소운성'과 '소운명'이 별전에 해당한다는 점에서, 이러한 문체적 거리는 본전과 별전의 작자가 상이할 수 있다는 가능성을 시사한다고 할 수 있다. 두 이본은 또한 계층 분석에서 '소운희'와 '몽유록'이 다른 단위담과 가장 먼 독립 그룹을 형성하고, '소운숙'과 '기타', '소수주' 역시 그다음으로 먼 독립 그룹을 형성하고 있다는 공통점을 보여 준다. 이는 '소운희', '소운숙', '본전별서', '몽유록' 등의 저자가 '소현성', '소운성', '소운명' 등의 저자와 상이할 수 있다는 것을 의미한다.

즉 이본별 계층 분석 결과는 문체적 측면에서 각각 하나의 작품이었던 소현성 이야기(또는 본전), 소운성과 소운명 이야기(또는 별전) 등을 가문 의식이라는 하나의 주제로 엮으면서, 소운희, 소운숙 등 기타 인물들의 간략한 서사와 본전별서, 몽유록 등을 삽입했을 가능성을 보여 주는 것이다. 이는 현존하는 「소현성록」 연작의 이본들이 서로 다른 저자들에 의해 창작된 이야기들을 재구한 것 또는 그러한 것을 저본으로 필사된 것일 가능성을 의미한다. 물론 문체가 상이하다고 100퍼센트 저자가 다르다고 단정할 수는 없지만, 서로 다른 저자일 가능성이 더욱 높기 때문이다. 다른 단위담들과 문체적 거리가 있는 '소수주'가 앞의 사건들과 긴밀하게 연결되지 못하여,[22] 「황후별전」으로 별도로 존재하는 것이 오히려 자연스럽다고 파악[23]된다는 점은 「소현성록」의 재구 가능성 및 복수 저자의 창작 가능성에 타당성을 더해 준다. 기본적으로 현존하는 「소현성록」 연작의 이본들은 모두 창작 당시의 구성을 간직한 것이 아니고, 최소한 소수주 이야기가 삽입되어 재구된 것임을 의미하기 때문이다.

「소현성록」 연작의 이본 간 계층 분석 결과와 의미

이대 15권본과 규장각 21권본을 종합하여 이본 간 계층 분석을 수행한 결과는 그림 2.7과 같이 크게 세 그룹으로 구분된다. 이를 A, B, C 그룹으로 표시하여 제시하면 다음과 같다.

① A 그룹: 이대: 소운성, 이대: 소운명, 이대: 소수빙, 이대: 소현성, 이대: 후일담, 이대: 소운경, 이대: 소운숙, 이대: 기타 그룹

② B 그룹: 규장각: 소운성, 규장각: 소운명, 규장각: 소현성, 규장각: 후일담, 규장각: 소운경, 규장각: 소수빙, 규장각: 소운숙, 규장각: 기타, 이대: 소수주, 규장각: 소수주 그룹

③ C 그룹: 이대: 소운희, 규장각: 소운희, 이대: 본전별서, 이대: 몽유록, 규장각: 몽유록 그룹

이대 15권본과 규장각 21권본의 종합 계층 분석 결과는 기본적으로 두 이본이 각각 A그룹과 B그룹으로 나뉘어 서로 다른 문체를 지녔다고 파악된다는 것이다. 선행 연구에서 두 이본은 내용상으로는 편차가 거의 없는 것으로 파악된다. 예를 들어서 '이대: 소운성'과 '규장각: 소운성'이 내용상 편차가 거의 없다는 것이다. 그런데 그림 2.9에서 동일한 내용의 '이대: 소운성'과 '규장각: 소운성' 간의 문체적 유사도는 각각 판본의 '소운성'과 '소운명'의 문체적 유사도보다 오히려 먼 양태를 보여 주고 있다. 이는 작품 내용과 상관없이 이본에 따라서 문체적 유사도 달라진다는 것을 나타낸다. 즉 계량적 문체 지표를 바탕으로 한 계층 분석 방식이 작품 내용의 유사성과 상관없이 필사자의 문체적 차이를 드러낸다는 것이다.

이본 간 계층 분석에서 가장 눈에 띄는 점은 C 그룹이다. '본전별서'는 이대 15권본에만 존재하기 때문에 제외한다고 해도, '소운희'와 '몽유록'이 각각의 판본 안에서 가장 먼 독립 그룹을 형성할 뿐만이 아니라, 이본 간 계층 분석에서도 완전히 독립된 모습을 보여 주기 때문이다. 이는 '소운희'와 '몽유록'의 문체가 다른 단위담들의 문체와 완전히 상이하다는 것을 의미한다.

그리고 B 그룹에서 살펴볼 수 있는 바와 같이 '소수주'의 경우도 독특한 양태를 나타낸다. '이대: 소수주'와 '규장각: 소수주'는 매우 높은 상관성을 보여 주는 것이다. 이는 '소수주'가 문체적 측면에서 이대 15권본과 규장각 21권본 사이의 접점을 형성하고 있다는 것을 의미한다.

앞에서 언급한 바와 같이 '소수주'는 독립적으로 존재하던 것이 「소현성록」에 삽입되었을 가능성이 있다. 그런데 '이대: 소수주'는 이대 15권본보다 규장각 21권본에 문체적으로 더욱 가깝게 나타난다. 이 사실만 놓고 볼 경우는 이대 15권본이 규장각 21권본의 영향을 받은 것으로 볼 수도 있다.

하지만 기존의 이본 연구에서는 이대 15권본을 규장각 21권본보다 상대적으로 앞선 이본으로 파악하고, 「소현성록」이 이대 15권본 계열에서 규장각 21권본 계열로 변이했음을 밝히고 있다. 이러한 논의들은 심지어 이대 15권본을 옥소 권섭의 기록에 존재하는 "소현성록대소설15책"과 동일시하는 경향도 존재한다.

그런데 서정민은 이대 15권본 역시 문맥상 어색함을 감수하면서

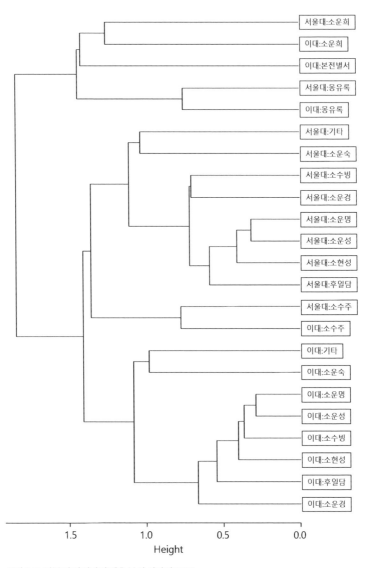

그림 2.9. 이본 간 단위담별 계층 분석 시각화(평균).

까지 화 씨와 소운경, 위선화 부부를 선양하거나 그 존재감을 강조하는 지점들이 확인된다고 주장한다.[24] 이대 15권본이 다양한 변이 양상을 거쳐서 현재의 모습으로 형성되었다는 것이다. '이대: 소수주'가 이대 15권본보다 규장각 21권본과 문체적 상관성이 높다는 것은 서정민의 논의와 관련된다. 이본 간 계층 분석 결과는 이대 15권본 계열과 규장각 21권본 계열이 일방향적인 관계가 아니라 상호 영향 관계 속에 있었음을 나타내기 때문이다.

따라서 두 이본 계열의 선후 관계에 대한 선행 논의와 이본 간 계층 분석 결과를 종합했을 때 두 이본 계열의 영향 관계는 다음과 같이 추정할 수 있다.

① '소수주'가 없는 이대 15권본 계열이 '소수주'가 없는 규장각 21권본 계열에 영향을 끼친다. (또는 이대 15권본 계열의 영향으로 규장각 21권본 계열이 형성된다.)

② 이대 15권본 계열의 영향을 받은 '소수주'가 없는 규장각 21권본 계열에 '소수주'가 삽입된다.

③ '소수주'가 삽입된 규장각 21권본 계열의 영향으로, 이대 15권본 계열에 '소수주'가 삽입된다.

④ 이후 추가적인 변화 속에 현존하는 이대 15권본과 규장각 21권본(또는 그 모본)이 형성된다.

즉 현존하는 이대 15권본과 규장각 21권본은 초기 「소현성록」 연작의 모습이 아니라 보다 후대의 모습을 보여 주는 이본이고, 두 이본 계열은 상호 영향 관계 속에서 변이가 이루어진다는 것이다.

이러한 결론은 5종의 완질 이본 중 2종만을 대상으로 논의를 진행했다는 점에서 한계를 지닌다. 나아가 계층 분석을 통한 이본 연구는 이본들의 텍스트 데이터가 존재하는 작품에만 한정적으로 적용할 수 있기 때문에 연구 방법의 확산 또한 어려운 형편이다. 국문 장편 소설 중 학계에서 제일 주목받는 「소현성록」조차 아직 모든 이본에 대한 텍스트화가 완전히 이루어지지 않았고, 대다수의 국문 장편 소설은 아예 컴퓨터가 해독할 수 없는 고도서의 원전 그대로, 또는 고도서를 스캔한 이미지 상태로 존재하기 때문이다.

2010년 삼대록계 국문 장편 소설의 해제 및 번역의 결과로 현대어역 시리즈 책들이 출판된 이후, 삼대록계 국문 장편 소설에 대한 연구는 폭발적으로 증가하였다. 이는 국문 장편 소설에 대한 접근성이 아직도 현저하게 떨어져 있다는 것에 대한 반증이자, 연구의 토대가 되는 작품의 해제 및 현대어역 작업의 필요성을 나타낸다. 국문 장편 소설의 해제 및 번역 사업과 같은 토대 사업이 꾸준히 실행되어 텍스트의 공개 데이터가 구축된다면, 인공 지능을 활용한 다양한 인문학 연구가 가능할 것으로 생각된다. 또한 디지털 문체 분석 방식은 이후 디지털 세계에 산재되어 있는 다양한 글들의 저자를 식별하거나, 챗봇의 대화 문체를 통일하는 문제에도 기여할 수 있을 것이다.

딥러닝을 활용한 고전 소설 유형 연구

고전 소설의 공시적, 통시적 유형 분류

유형을 분류하는 것은 단순하게 복잡한 현실을 이해하기 쉽도록 하는 편의적이고 실용적인 방식이 아니라, 인간이 세계를 이해하는 방식 그 자체이다. 따라서 고전 소설의 유형을 분류하는 것은 고전 소설 전반에 대한 인간의 이해 방식이라 할 수 있다.

고전 소설의 유형 분류는 고전 소설의 통합적인 이해와 개별 작품들 사이의 편년을 가능케 하고, 유형 상호 간을 비교하여 고전 소설사를 파악할 수 있도록 해 준다. 따라서 학계에서는 고전 소설의 유형을 분류하기 위한 다양한 주장들이 제기되어 왔다. 이러한 고전 소설의 유형 분류는 통시적 혹은 역사적 분류와 공시적 혹은 이론적 분류의 두 가지 방식 혹은 두 가지를 혼합하는 방식으로 이루어져 왔다. 김준영 외『고소설론』(월인, 2000년), 이상택 외『한국 고전 소설의 세계』(돌베개, 2005년), 한국고소설학회에서 편찬한『한국 고소설론』(아세아문화사, 1991년),『한국 고소설 강의』(돌베개, 2019년) 등 고전 소설 개론서에서도 고전 소설의 유형은 통시적, 공시적 방식을 혼합하는 방식으로 유형을 분류하고 있다. 이러한 개론서들에서 고전 소설의 유형은 간혹 명칭의 차이가 존재하기는 하지만 대체로 전기(傳記) 소설, 전기(傳奇) 소설, 몽유록(夢遊錄), 영웅 소설, 국문 장편 소설, 판소리계 소설, 애정 소설, 가정 소설, 윤리 소설, 의인 소설, 풍자 소설, 역사 소설, 야담계 소설 등으로 분류된다.

고전 소설 각각의 유형에 대해서도 수많은 연구자들의 관심 속에서 하위 유형에 대한 논의가 진행되었다. 하지만 유형론들이 제각기 다른 기준에 의해 작품 선정의 외연을 확정하고 작품 분석과 분류의 기준을 마련하면서, 지나치게 많은 유형론이 산출되었다는 문제가 제기되기도 하였다. 즉 많은 작품이 각기 다른 유형론의 기준에 따라서 다르게 분류됨으로써 장르 해명에 어려움이 따른다는 것이다.

유형 귀속에 최적화된 딥러닝 기법은 이러한 문제 상황 속에서 고전 소설 유형론을 보완할 하나의 방법이 될 수 있다. 딥러닝 기법은 연구자들에게 통용될 수 있는 유형 체계를 기반으로, 각 유형의 문체적 특징을 계량적으로 산출하여 객관적인 분류 기준을 마련하고, 기존에 유형 분류가 어려웠던 작품들의 유형을 판정하는 데 효과적이기 때문이다.

딥러닝에서 소설 유형의 문체적 특징을 찾아내는 방법을 단순히 표현하면, 수많은 '특정 표현'과 '특정 표현들의 다양한 조합'을 모두 찾아내는 작업이다. 특정 표현의 일례로, '월궁'이나 '아황' 등의 단어들은 애정 소설 유형에만 등장하기에 애정 소설 유형으로 분류하는 문체적 기준이 될 수 있다. 그런데 특정 표현만으로는 문체를 구별하는 데 한계가 있기에, 실제로는 특정 표현들의 다양한 조합을 통해서 소설 유형을 분류하는 문체적 기준을 설정한다. 예를 들어, 동일한 '잇그러' 표현이라도, '옥슈를 + 잇그러'라는 조합은 애정 소설에 자주 등장하기에 애정 소설 유형으로 분류하고, '병(兵)을 + 잇그러'라는 조합은 영웅 소설 유형에 자주 등장하기에 영웅 소설 유형으로 분류한다. 그런데 이러한 특정 표현의 조합은 단순히 특정 표현 2개만의 조합이 있는 것이 아니라 3개, 4개, 5개, …, 10개, …, 100개 등 다양한 방식의 방대한 조합이 있을 수 있다. 물론 몇 가지의 특정 표현과 특정 표현 간의 조합 패턴을 파악하는 것은 인간의 힘으로도 가능하다. 하지만 수많은 소설 작품에 나타난 모든 특정 표현과 특정 표현 간의 조합 패턴을 종합적으로 고려하고, 이를 통해 소설의 유형을 분류하는 일관된 기준을 설정하는 것은 연구자 개인의 힘으로는 사실상 불가능하다. 그렇기 때문에 기존의 소설 유형 연구는 연구자마다 대상 텍스트도 기준도 각각 다르게 설정되는 것이다. 하지만 딥러닝 방법은 인간보다 월등한 컴퓨터의 연산 능력을 토대로 수많은 소설 작품에 나타난 특정 표현과 특정 표현의 조합 패턴을 종합적으로 고려하고 일관된 기준에 따라 수치화함으로써 소설의 유형을 분류하는 것이 가능하다.

딥러닝을 통한 경판 방각본 고전 소설의 유형성 검증

경판 방각본 고전 소설은 총 53종으로 파악되며, 그 유형은 영웅 소설(19종), 애정 소설(7종), 가정 소설(3종), 윤리 소설(6종), 역사 소설(2종), 번역 번안 소설(10종), 기타 소설(6종)로 분류된다.[25] 이러한 유형 구분은 1차적으로 국내 창작 소설인가 번역 번안 소설인가를 기준으로 하고, 2차적으로 주제적 특징에 따라서 국내 창작 소설을 분류한다.

그런데 딥러닝 기법은 새로운 유형 체계를 만드는 것은 아니다. 기존의 유형 체계를 바탕으로 학습을 통해서 각 유형의 문체적인 특징을 도출하는 것이기 때문에, 인공 지능의 학습을 위한 고전 소설의 일관된 유형 체계와 이러한 체계가 명시된 충분한 텍스트 데이터 (labeled data, 여기에서는 고전 소설 유형 학습 데이터)를 필요로 한다.

따라서 일관된 기준에서 벗어나고 충분한 데이터가 존재하지 않는 번역 번안 소설, 역사 소설, 기타 소설을 제외한, 영웅 소설, 애정 소설, 가정 소설, 윤리 소설의 네 가지 유형을 대상으로 고전 소설의 유형을 검증해 보았다. 이러한 유형 검증 과정에서는 기존에 딥러닝 학습 모형의 문제점을 검증하는 오차 행렬(confusion matrix)을 통해서 소설 유형 간의 상관 관계를 살펴보았다.

그림 2.10은 영웅 소설(hero), 가정 소설(family), 윤리 소설(ethics), 애정 소설(romance)의 네 가지 유형으로 딥러닝 학습 모형을 구축했을 때의 예측도이다. 그림에서 숫자와 명도는 실제 소설에 대한 유형 예측값을 나타낸다. 예를 들어 윤리 소설의 경우 1만큼 윤리 소설로, 33만큼 가정 소설로, 18만큼 영웅 소설로, 13만큼 애정 소설로 인식되는데 이러한 예측값이 클수록 명도가 높아진다. 또 그림 제목 괄호 안의 숫자는 유형 학습 모형의 예측 정확도를 뜻하는데, 최초의 훈련 데이터와 테스트 데이터를 무작위로 배정하고, 드롭아웃과 같은 무작위적 요소가 포함된 알고리듬으로 인해서 소폭의 변화를 내포하고 있다.

영웅 소설, 가정 소설, 윤리 소설, 애정 소설의 네 가지 유형 모형 예측 정확도는 30.5퍼센트 정도였다. 사지선다의 확률이 25퍼센트라는 점을 고려했을 때, 이는 매우 낮은 정확도라고 할 수 있다. 이렇게 정확도가 낮게 나온 원인은 대체로 윤리 소설과 가정 소설의 문체적

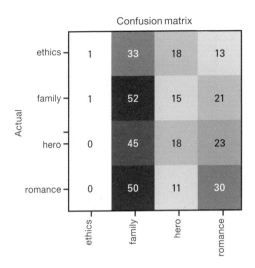

그림 2.10. 네 가지 유형 모형 예측도(0.305136).

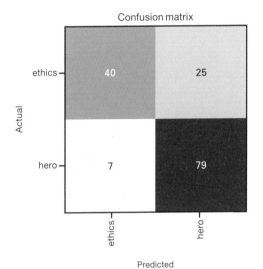

그림 2.11. 윤리 + 영웅 유형 예측도(0.788079).

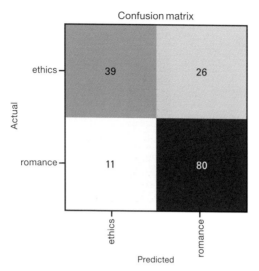

그림 2.12. 윤리 + 애정 유형 예측도(0.762821).

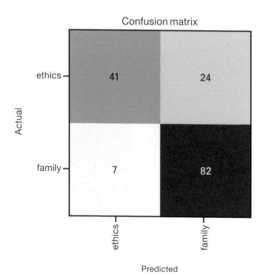

그림 2.13. 윤리 + 가정 유형 예측도(0.798701).

특징에서 비롯된 것으로 판단된다.

먼저 윤리 소설은 네 가지 유형 모형에서 스스로 인식하지 못하고 나머지 세 유형으로 분산되어 예측된다. 즉 네 가지 유형 모형에서 윤리 소설은 다른 모든 유형에 포함될 수 있는 문체적 특징을 보여 주는 것이다. 이는 윤리 소설과 영웅 소설, 윤리 소설과 애정 소설, 윤리 소설과 가정 소설의 두 가지 유형씩 딥러닝 학습 모형을 구축했을 때보다 정확하게 확인할 수 있다.

윤리 소설은 포함한 두 가지 소설 유형으로 학습 모형을 구축하면 네 가지 유형 모형보다 예측 정확도가 훨씬 높아진다. 그런데 윤리 소설과 상대되는 소설 유형은 뚜렷하게 자신의 유형을 인식하는 반면, 윤리 소설은 어떤 소설 유형에도 분산되어 예측된다. 이는 윤리 소설의 문체적 특징이 영웅 소설, 애정 소설, 가정 소설 등 모든 유형에 함축되어 있다는 것으로 볼 수 있다. 달리 말하면 딥러닝을 통한 분석 결과에서 윤리 소설의 문체적 특징은 독립적인 유형성을 획득하지 못하는 것이다. 따라서 윤리 소설은 예측 정확도만 떨어뜨리는 요인으로 딥러닝을 통한 유형 분류의 기준이 될 수 없었다.

한편 네 가지 유형 모형에서 가정 소설은 윤리 소설과는 반대되는 특성을 보여 준다. 모든 유형이 가정 소설 유형으로 예측되는 확률이 매우 높게 나타나고 있는 것이다. 이는 가정 소설이 영웅 소설, 윤리 소설, 애정 소설의 문체적 특징들을 모두 포괄하고 있는 독특한 양식임을 의미한다. 그런데 윤리 소설을 제외한 세 가지 소설 유형을 두 가지씩 묶어서 학습 모형을 구축하면 다소 복잡한 관계 양상을 보여

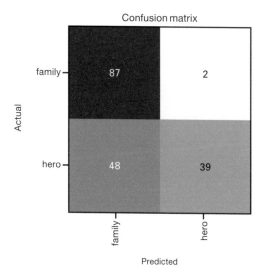

그림 2.14. 가정 + 영웅 유형 예측도(0.715909).

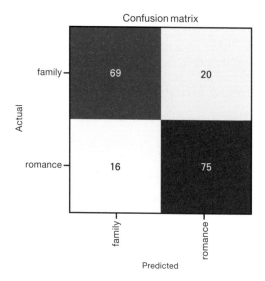

그림 2.15. 가정 + 애정 유형 예측도(0.715909).

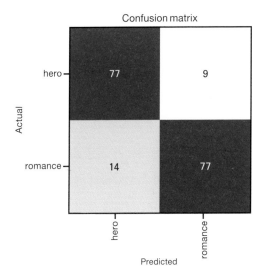

그림 2.16. 영웅 + 애정 소설 유형 예측도(0.870057).

준다.

먼저 가정 소설은 그림 2.13와 그림 2.14에서 살펴볼 수 있는 바와
같이 윤리 소설, 영웅 소설에 비해 스스로를 뚜렷하게 예측하였다.
즉 가정 소설은 윤리 소설과 영웅 소설의 문체적 특징을 포괄하고 있
는 것이다. 그런데 그림 2.15에서 가정 소설과 애정 소설은 비교적 독
립적인 유형으로 예측된다. 가정 소설과 애정 소설은 문체적 측면에
서 서로 독립적인 유형성을 보여 주는 것이다. 하지만 가장 정확하게
유형을 예측하는 모형은 그림 2.16의 영웅 소설과 애정 소설의 유형
학습 모형으로 87퍼센트의 예측 정확도를 보여 준다. 이는 영웅 소설
과 애정 소설 사이의 문체적 거리가 애정 소설과 가정 소설 사이의

거리보다 상대적으로 멀다는 것을 의미한다.

이상의 분석 내용을 종합하면, 계량적 문체를 기준으로 윤리 소설, 애정 소설, 가정 소설, 영웅 소설 유형의 상대적인 관계를 다음과 같이 파악할 수 있다.

첫째, 윤리 소설은 모든 유형에 종속적인 특징을 지닌다. 둘째, 네 가지 유형 학습 모형에서 가정 소설 유형은 모든 유형을 포괄하는 특징을 지닌다. 셋째, 두 가지 유형 학습 모형에서 애정 소설 유형은 가장 독립성이 강하다. 넷째, 영웅 소설과 애정 소설 유형은 상호 독립적인 유형성이 가장 강하다.

따라서 딥러닝 기법을 활용하여 경판 방각본 고전 소설의 유형을 검증하는 것은, 영웅 소설과 애정 소설의 두 유형을 대상으로 할 때 가장 효과적인 것이다.

영웅 소설과 애정 소설 작품의 유형성 검증

경판본 소설 중에서는 영웅 소설에 해당한다는 견해와 애정 소설에 해당한다는 견해가 대립하는 작품들이 존재한다. 또 다른 연구자는 이런 작품들을 아예 '애정 영웅 소설'이라고 부르기도 한다. 또한 영웅 소설과 애정 소설 사이에는 여성 영웅 소설이라는 유형도 존재한다. 이는 영웅 소설과 애정 소설 유형의 작품들이 연구자의 주관적 기준에 따라서 상이하게 분석될 여지가 있음을 의미한다. 즉 정도의 차이만 있을 뿐 하나의 작품에 영웅 소설과 애정 소설의 유형성이 모두 포함되어 있다는 것이다. 따라서 두 유형의 작품들을 분류하기 위해서는 보다 객관적인 기준이 필요하다. 이러한 점에서 딥러닝 기법은 두 유형을 분류하는 하나의 객관적인 기준이 될 수 있다. 계량적 문체라는 객관적인 지표를 바탕으로 두 유형의 작품들을 분류할 수 있기 때문이다.

경판 방각본 중에서 영웅 소설과 애정 소설 유형 학습 모형에 사용된 작품들을 제외하고, 영웅 소설과 애정 소설로 파악되는 작품들에는 「금방울전」, 「백학선전」, 「쌍주기연」, 「양산백전」, 「옥주호연」, 「장백전」, 「장풍운전」, 「정수정전」, 「현수문전」, 「황운전」 등이 있다. 경판본 고전 소설 유형 분류에 따라 「정수정전」, 「황운전」, 「금방울전」, 「장백전」, 「장풍운전」, 「현수문전」 등 여섯 작품은 영웅 소설 유형으로, 「백학선전」, 「쌍주기연」, 「양산백전」, 「옥주호연」 등 네 작품은 애정 소설 유형으로 파악할 수 있다. 그런데 「백학선전」, 「양산백전」, 「쌍주기연」, 「옥주호연」은 애정 성취를 문제 삼는 영웅 소설로 파악되기도 하고,[26] 「옥주호연」, 「백학선전」, 「정수정전」, 「황운전」, 「금방울전」 등은 여성 영웅 소설로 파악되기도 한다.[27] 즉 애정 소설로 분류하였던 네 작품의 유형은 모두 영웅 소설인가 애정 소설인가 이견이 존재하고, 영웅 소설로 분류하였던 여섯 작품은 남성 영웅 소설 세 작품과 여성 영웅 소설 세 작품으로 구분되는 것이다. 따라서 이 작품들의 유형성 검증은 영웅 소설과 애정 소설, 영웅 소설과 여성 영웅 소설, 여성 영웅 소설과 애정 소설 사이의 장르 관습을 이해하는 데 도움을 줄 수 있다.

해당 작품들의 유형성을 파악하기 위하여, 먼저 딥러닝 학습 데이터와 마찬가지로 각 작품을 256자씩 분절하고 소설 유형을 표시한 정제 데이터를 구축하였다. 다음으로 딥러닝 유형 학습 모형을 통해 각각의 분절 단위들이 지닌 소설 유형의 문체적 특징을 계량적 수치로 산출하였다. 계량적 문체 지수를 바탕으로 분절 단위들의 유형을 예측한 결과는 다음 표 2.9의 예시를 통해 확인할 수 있다.

분절 단위들의 유형은 계량적 문체 지수인 영웅 지수와 애정 지수 중 높은 지수에 해당하는 유형으로 예측하였다. 이러한 결과는 앞의 표에 있는 「쌍주기연」과 「황운전」의 예와 같이 문체 지수가 큰 차이가 나면서 기존의 소설 유형과 동일한 예측을 하는 경우, 「정수정전」처럼 근소한 차이로 기존의 소설 유형과 동일한 예측을 하는 경우, 「양산백전」처럼 근소한 차이로 기존의 소설 유형과 다른 예측을 하는 경우, 「현수문전」과 「옥주호연」의 예와 같이 큰 차이로 기존의 소설 유형과 다른 예측을 하는 경우 등 다양하게 나타난다.

그런데 표 2.9의 분절 단위 내용과 소설 유형 예측 사이의 관계는 일견 일관성이 결여된 것으로 보일 수도 있다. 한 예로 「황운전」과 「정수정전」 분절 내용의 영웅 지수는 각각 90퍼센트와 50퍼센트로 상당히 큰 차이를 보이는데, 구체적 내용에서는 큰 차이를 느낄 수 없는 것이다. 이러한 점은 딥러닝을 통해 인공 지능이 인식하는 소설 유형의 문체론적 특성이 인간의 직관으로 파악하기 어려운 복잡한 문체 조합을 기반으로 하기 때문이다. 즉 딥러닝 방식은 특정한 표현들을 기준으로 정확도가 높은 결과를 도출한다는 장점이 있지만, 그 특정한 표현이 무엇인지를 인간이 파악하기 매우 어렵다는 단점도

표 2.9. 분절 단위 유형 예측 예시.

제목	기존 유형	영웅	애정	유형 예측	분절 번호	분절 내용
쌍주기연	애정	0.1074	0.8926	애정	89	더라 화셜 제왕이 귀비를 졍ᄒ여 왕소져의게 ᄉ혼ᄒ믈 텬ᄌ긔 쥬ᄒ엿다니 텬지 불쳥ᄒ시고 도로혀 셔학ᄉ의게 ᄉ혼ᄒ시미 분긔를 참지 못ᄒ여 쥬야 왕소져의 용모를 싱각ᄒ고 거의 경병ᄒ기의 니르러더니 션원쉬 출젼ᄒ고 왕ᄌ시 부임ᄒ미 쇼졔 다만 비복만 다리고 잇거ᄂᆞᆯ 왈 고불층 ᄒᆞ계교를 ᄂᆡ여 일일은 왕궁의 잇ᄂᆞᆫ 환ᄌ로 ᄒᆞ여금 거즛 황명을 일컬어 셔부의 나아가 치단 십필은 소져의게 ᄉ송ᄒ고 홀로 잇스믈 위로
황운전	영웅	0.9097	0.0903	영웅	1	로 쟝졸를 거려 웅쥬 셩하의 나아가 하고 군로 여곰 날마다 진권을 불너 홈을 도도되 진권이 종시 나지 아니 거 졔장이 원슈긔 고 왈 진권이 셰궁녁진 나지 아니 오니 이를 타 셩즁을 겁칙여 진권을 잡으미 조흘가 이다 원 왈 간 쳔문을 펴본즉 진권의 죽을 날이 머지 아니 여스 아직 파 모이 졍거시오 너모 승셰치 말 더라 시 진형이 슈류군 십만을 총독여 일일 연습며 진권의 소식을 기다리더니 믄득 진
졍수졍젼	영웅	0.5021	0.4979	영웅	38	비록 지용이 잇스나 이믜 계교의 속앗는지라 다만 쥬미를 모르고 살기만도모ᄒ여 좌우를 헤칠셰 원쉬 급히 마웅에게 다라드러 십여합의 이르러는 함셩이 쳔지 진동ᄒ는지라 마웅이 셰급ᄒ믈 보고 좌편으로 다라나더니 부원슈 쟝연이 길를 막고 활을 쏘미 마웅이 몸을 기우려 피며 분연히 쟝연을 취ᄒ더니 믄득 원쉬 창을 두르며 다라드러 마웅을 버히니 오평이 마웅의 죽음을 보고 상혼 낙담ᄒ여 계유 명을 도망ᄒ여 ᄒ뢰를 너머 홍양을 바리고 닷더니 압헤

(다음 쪽에 계속)

양산백전	애정	0.5009	0.4991	영웅	50	며 일번 망죠여 셔로 도라보아 왈 도라가무 말로 노야긔 고리오 며 져를 마지 아니다가 인여 본부의 도라가 쇼져의 젼후연을 셰셰히 고거 샹셔 부뷔 이 말를 듯고경 실 왈 우리 부뷔 노 일녀를 두엇다가 양가 츅으로 말믜아마 쳔고의 업슨 변괴를당니 누를 원리오 며 쥬야 슬허여 왈 당쵸의 녀아의 말를 조 심가를 거졀고 양산을 결혼엿던들 져의 평을 즐길 거시오 우리 의탁 곳이 이슬 거시여
현수문젼	영웅	0.1406	0.8594	애정	26	허지 못 ᄒ더니 부인이 계오 정신을 슈습ᄒ여 젼후 슈말을 니르니 시랑이 양텬 탄왈 나의 팔지 가지록 사오나와 칠디가지독즈로 늬게 와 후ᄉ를 닛지 못 ᄒ게 되여더니 하ᄂᆞᆯ이 불상이 녁이샤 늣게야 ᄋ들 슈문을 어드미 불효를 면ᄒᆞᆯ가 ᄒ여더니 여앙을 면치 못 ᄒ여 난즁의 일흐미 그 싱ᄉ를 아지 못 ᄒ고 겸ᄒ여 나ᄂᆞᆫ 국가의죄명으로 이쳐로 잇셔 텬일을 보지 못 ᄒ니 어늬 날 ᄒᆞᆫ 가지로 모도이믈 ᄇᆞ라리
옥쥬호연	애정	0.836	0.164	영웅	3	경이 의 적션물 일삼으되 지금 공 업오니그 쳔도를 알 길이 업는지라 바라건 일졈혈육을 어더 후를 치 말고져 이다 고 빌기를 맛고 믄득 몸이 곤뇌여 난간을 지혀 잠간 조으더니 홀연 등쵹이 휘황고 금관옥관원 슈 인이 일위 왕를 호위여 드러와 젼상의 좌 후 왕 좌우를 명여 쵀문경을 부르라 거 홍포 관원이 나와 공을 불너 젼하의이른 젼상의셔 일너 왈 너는 유명 쟝의 후예라 엇지 늬게 이르러 향화를 케 리오

존재하는 것이다. 특정한 표현들이 무엇인지 파악하기 위해서는 각 분절 단위들의 예측 결과를 토대로 단위 내용을 일일이 살피는 과정이 필요하다. 하지만 모든 결과를 일일이 살핀다는 것은 현실적으로 불가능에 가깝고, 그렇게 살펴본다고 하더라도 인간이 알 수 없는 딥러닝 과정의 기준을 단순히 유추할 수 있을 뿐이다.

그런데 소설 유형의 문체론적 특성 그 자체도 일관된 기준으로 읽는다는 것은 불가능에 가깝다. 소설은 '작자의 직선적인 예술적 서술', '구비적, 일상적 서술의 양식화', '쓰기 말로 된 반문학적 서술', '예술 외적인 작자의 다양한 발화 형식', '문체론적으로 개성화된 등장인물들의 발화' 등 다양한 문체론적 통일체들이 서로 결합하여 예술적 체계를 이루기 때문이다. 따라서 소설은 예술적으로 조직된 언어의 사회적 다양성을 지니며, 어떤 경우에는 많은 언어를 병용하며, 또 개인의 '말'의 다양성을 내포한다. 그렇기 때문에 소설의 문체를 소설가의 개성화된 언어, 또는 서정에 대립되는 서사적 문체 등의 단일 기준으로 이해한다는 것은 오히려 소설의 문체론을 왜곡시키는 것이라고 할 수 있다.[28] 따라서 딥러닝을 통한 소설 유형의 문체 분석은 비록 과정을 이해하는 것이 불가능에 가깝지만 그 과정 속에 소설 문체의 다양성을 내포하고 있다는 점에서 의미가 있다고 할 수 있다.

표 2.10은 각 작품들의 분절 단위 예측 결과를 토대로 해당 작품들의 유형을 예측한 결과이다. 여기에서 영웅 지수와 애정 지수는 분절 단위들의 계량적 문체 지수 평균을 나타내며, 소설 유형은 이를 토대로 검증하였다. 분류 기준과 다른 결과가 도출된 작품은 「금방울전」,

표 2.10. 소설 유형 검증 결과.

작품명	기존 유형	영웅 지수	애정 지수	검증 결과
금방울전	영웅	0.441	0.559	애정
백학선전	애정	0.461	0.539	애정
쌍주기연	애정	0.444	0.556	애정
양산백전	애정	0.483	0.517	애정
옥주호연	애정	0.507	0.493	영웅
장백전	영웅	0.466	0.534	애정
장풍운전	영웅	0.462	0.538	애정
정수정전	영웅	0.513	0.487	영웅
현수문전	영웅	0.468	0.532	애정
황운전	영웅	0.525	0.475	영웅

AI가 내려온다

「옥주호연」, 「장백전」, 「장풍운전」, 「현수문전」이다. 이러한 검증 결과에서 주목되는 점은 크게 세 가지이다.

첫째, 모든 작품에서 영웅 소설과 애정 소설 유형의 문체 지수는 크게 차이 나지 않는다. 소설 유형의 문체 지수 차이가 가장 큰 작품은 「금방울전」으로 0.118(11.8퍼센트) 정도 차이로 애정 지수가 높고, 가장 적은 작품은 「옥주호연」으로 0.014(1.4퍼센트) 정도 차이로 영웅 지수가 높다. 즉 모든 작품이 영웅 소설과 애정 소설 유형의 문체적 특징을 모두 함유하고 있으면서 비교 우위의 측면에서 유형이 판정되는 것이다. 따라서 특정 작품이 애정 소설인가 영웅 소설인가의 이견이 존재하는 것은 문체적 측면에서 어찌 보면 당연한 결과라고 할 수 있다. 다만 애정 소설과 영웅 소설 유형 사이에서 이견이 존재하는 작품 중 「옥주호연」을 제외한 「백학선전」, 「양산백전」, 「쌍주기연」 등은 모두 미세하게나마 애정 소설 유형으로 판정되고 있다.

둘째, 검증 결과가 분류 기준과 다른 작품들의 경향은 전반적으로 영웅 소설을 애정 소설 유형으로 인식한다는 것이다. 소설 유형의 문체 지수가 가장 적은 차이를 보였던 「옥주호연」만 애정 소설을 영웅 소설 유형으로 인식하였고, 나머지 네 작품 즉 「금방울전」, 「장백전」, 「장풍운전」, 「현수문전」은 모두 영웅 소설을 애정 소설 유형으로 인식하고 있다. 그런데 소설 유형의 문체 지수가 가장 적은 차이를 보이는 「옥주호연」이 여성 영웅 소설로도 파악된다는 점에서 딥러닝 모델을 통한 검증 결과는 영웅 소설을 애정 소설로 분류하는 경향이 강하다는 것을 보여 주는 것이다.

셋째, 남성 영웅을 주인공으로 하는 「장백전」, 「장풍운전」, 「현수문전」 등은 애정 소설 유형으로 파악되고, 여성 영웅을 주인공으로 하는 「옥주호연」, 「정수정전」, 「황운전」 등은 영웅 소설 유형으로 파악된다. 즉 여성 영웅 소설로 파악되던 작품들이 영웅 소설 유형의 문체적 특징을 강하게 보여 준다는 것인데, 다만 「금방울전」은 여성 영웅 소설로 파악되면서도 애정 소설 유형의 문체적 특징을 가장 강하게 보여 주고 있다.

이러한 양상들이 지니는 의미는 기본적으로 딥러닝을 통한 소설 유형 학습에 사용되었던 작품들과의 관련 속에서 찾아야 할 것이다. 딥러닝 유형 학습을 위해 데이터로 삼은 작품은 영웅 소설 유형의 「임장군전」, 「조웅전」, 「소대성전」과 애정 소설 유형의 「숙향전」, 「숙영낭자전」이었다. 학습 데이터와의 관련 속에서 검증 결과의 경향을 살펴보면 다음과 같은 의미를 찾을 수 있다.

먼저 방각본 영웅 소설 중 '왕조 교체형 영웅 소설'[29]은 체제를 수호하는 일반적인 영웅 소설 유형과는 상이한 문체적 특징을 지닌다. 학습 데이터로 삼았던 「조웅전」, 「소대성전」은 주인공이 위기에 처한 황제를 구원하고 체제를 수호하는 일반적인 영웅 소설 유형의 문체적 특징을 지닌 작품들이다. 반면 「장백전」, 「현수문전」은 왕조 교체형 영웅 소설로서 애정 소설 유형의 문체적 특징을 보여 주는 것이다. 이는 「옥주호연」이 영웅 소설로 파악되기는 하지만, 체제를 수호하는 여성 영웅을 주인공으로 하는 「정수정전」, 「황운전」보다 애정 소설 유형의 문체적 특징이 강하다는 점에서도 확인할 수 있다.

그런데 「장풍운전」은 체제를 수호하는 일반적인 영웅 소설이지만 「조웅전」, 「소대성전」과 달리 애정 소설 유형의 문체적 특징이 더욱 강하게 나타난다. 이러한 이유는 「장풍운전」의 독특한 형성 과정 속에서 찾을 수 있다. 이 작품은 "한문본 「금선각」 → (문예문의 생략 및 축약) → 번역본 「금선각」 → (일상 언어로 재구성) → 「장풍운전」"[30]의 과정을 거쳐 형성된 것으로 파악된다. 즉 「장풍운전」은 한문 소설의 번역본을 다시 재구성한 것이라는 측면에서 독특한 문체적 특징을 지닌 작품이다. 따라서 「임장군전」, 「조웅전」, 「소대성전」 등과 문체적 측면에서 차이가 발생하고, 이러한 차이들이 애정 소설 유형의 문체적 특징과 상통함으로써 딥러닝 유형 학습 모형에서 애정 소설 유형으로 분류되는 것이다. 「장풍운전」이 애정 소설 유형으로 분류되는 이유는 또한 작품의 구성적 특징에서도 찾아볼 수 있다. 이 작품은 전후반부로 구성되는데, 전반부는 영웅 소설의 장르 관습을 따르지만, 후반부는 처첩 갈등을 중심으로 한 내용을 다루고 있다. 따라서 후반부의 구성 내용이 애정 소설 유형의 문체적 특징을 더욱 강하게 하는 요인으로 작용했을 가능성이 있다.

다음으로 방각본 영웅 소설 중 여성을 주인공으로 하는 작품들은 문체적인 측면에서 「임장군전」, 「조웅전」, 「소대성전」이 보여 주는 영웅 소설의 유형성을 더욱 강하게 보여 준다. 여성 영웅 소설은 영웅 소설 장르 운동의 일환으로 형성되었기 때문에 영웅 소설의 유형성과 대중성, 흥미성이 중심적인 역할을 하였고, 여성 영웅은 철저히 남성적인 삶을 영위하는 모습으로 형상화된다.[31] 따라서 여성 영웅 소설은 문체적으로 영웅 소설로 분류될 수 있다. 「옥주호연」이 문체 지수가 매우 적은 차이로 영웅 소설로 분류되는 것 역시 이를 반증한다. 앞서 왕조 교체형 영웅 소설 중 남성 영웅을 내세우는 작품들은 애정 소설 유형으로 분류되었다. 「옥주호연」 역시 왕조 교체형 영웅 소설이기 때문에 애정 소설 유형의 문체적 특징이 강하지만, 여성 영웅 소설로서 영웅 소설 유형의 문체적 특징 또한 강하게 반영한다. 따라서 「옥주호연」은 두 가지 특징이 상쇄되면서 매우 적은 차이로 영웅 소설 유형으로 분류되는 것이다.

그런데 「금방울전」은 기존 논의에서 여성 영웅 소설로 분류되지만, 검증 대상 중 애정 소설 유형의 문체적 특성을 가장 강하게 보여 준다. 이는 소설 유형의 측면에서 「금방울전」이 가지는 개성적인 위상에서 비롯되는 것으로 볼 수 있다. 「금방울전」은 여성 영웅 소설을 포함하는 영웅 소설의 유형 분류에서도 「김원전」과 함께 대적 퇴치 민담 모티프가 소설 구성의 축을 이루는 유형이라고 별도로 분류된다.[32] 또한 「금방울전」은 '남장(男裝)'과 '출전(出戰)'의 두 가지 핵심 모티프를 특징으로 하는 여성 영웅 소설의 유형성에서도 벗어나 있다. 따라서 「정수정전」, 「황운전」과는 다른 문체적 특징을 지니고 있는 작품으로 파악할 수 있고, 애정 소설 유형의 문체적 특징을 강하게 보여 주는 것은 이 때문이라고 볼 수 있다.

마지막으로 이 검증 결과는 17세기 말에 창작되고 향유되었던 「숙향전」의 후대 소설에 대한 영향력을 보여 주는 것으로 추측할 수 있다. 「숙향전」은 「두껍전」, 「흥부전」, 「담낭전」, 「춘향전」, 「배비장전」,

「심청전」,「옥소전」 등 후대의 여러 소설에 영향을 끼친 것으로 파악된다.[33] 또한「소대성전」,「쌍주기연」,「금방울전」과 함께「박씨전」,「육미당기」,「김원전」,「장경전」,「남윤전」,「적성의전」,「김진옥전」 등도「숙향전」으로부터 많은 영향을 받은 작품으로 파악된다.[34] 따라서「숙향전」의 문체적인 특징이 후대 소설에 영향을 미쳤을 가능성이 존재한다. 즉 10개의 검증 작품이 애정 소설 유형으로 분류되는 경향이 강하다는 것은 후대 작품에 대한「숙향전」의 문체적 영향력을 보여 주는 것으로 해석할 여지가 있는 것이다.

이상에서 경판 방각본 고전 소설 중 영웅 소설과 애정 소설을 중심으로 한 딥러닝 유형 학습 모형을 통해 유형 귀속과 관련하여 이견이 존재하는 작품들의 유형을 검증해 보았다. 기존의 고전 소설 유형 연구는 각각의 유형론들이 제각각 다른 기준에 의해서 작품 선정의 외연을 확정하고 작품 분석과 분류의 기준을 마련하면서 지나치게 많은 유형론이 산출되었고, 이로 인해 오히려 장르 해명의 어려움이 따른다는 문제가 제기되기도 하였다. 딥러닝 기법은 유형 분류에 최적화된 디지털 기술로서 고전 소설의 유형 연구를 보완할 하나의 방법을 제시해 줄 수 있다. 물론 딥러닝을 통한 유형 분류 역시 또 다른 기준의 유형론 양산이라는 문제가 제기될 수 있다. 하지만 기존의 유형 분류에서 논의가 보류되었던 작품들을 포괄하여 유형을 논의할 수 있다는 점에서 의미가 있는 것이다.

3장
디지털 감정 분석과 고전 문학

디지털 감정 분석 방법론

디지털 감정 분석이란?

컴퓨터는 인간과 같이 텍스트를 읽고 자연적으로 감정을 인지하지 않는다. 컴퓨터는 감정 사전을 토대로 인간의 감정을 인지한다. 감정 사전이라는 것은 특정 형태소와 그에 대응하는 감정으로 구성되어 있다. 예를 들어서, '눈물'은 '슬픔' 혹은 '부정'이라는 감정과 대응하고, '웃음'은 '기쁨' 혹은 '긍정'이라는 감정이라고 서술되어 있다. 따라서 특정 텍스트에서 형태를 분리하고, 그 분리된 형태 중에서 감정 사전에 등록된 형태소와 그 형태소의 감정을 찾아서 감정을 인지한다.

그렇기에 컴퓨터로 진행하는 기본적인 감정 분석은 특정 텍스트에 출현하는 특정 형태소를 감정 사전을 토대로 감정을 식별하는 것이다. 특정 텍스트에 '눈물'이 많이 나오면, '슬픔' 혹은 '부정'이 강한 텍스트로 판단하고, '웃음'이 많이 나오면, '기쁨' 혹은 '긍정'으로 판단한다.

그런데 감정 사전을 이용하는 방법은 맥락을 파악하지 못하는 문제가 있다. 예를 들어서, "나는 선배 앞에서 멋있는 척하는 너를 사랑으로 감싸 줄 수 없다."라는 문장에서 긍정 형태소는 '멋', '사랑', '감싸'가 있으며, 부정 형태소는 '척'과 '없다'가 있다. 컴퓨터가 단순한 형태소의 등장 빈도로 감정을 판단한다면 '긍정' 문장이라고 판단할 것이다. 하지만 실제 해당 문장은 '부정' 문장이라고 보는 것이 합당하다. 이를 해결하기 위해서, 최근에는 문장의 맥락을 반영하는 딥러닝 방법을 사용하고 있다. 그리고 딥러닝 방법은 문장과 그 문장의 감정을 라벨링한 빅 데이터를 요구한다.

디지털 감정 분석을 위해서는 어떻게든 고전 문학 텍스트에 대한 감정 데이터를 구축하는 일이 선행되어야 한다. 디지털 감정 사전을 활용할 수 있다면, 이러한 작업은 컴퓨터를 통해 자동으로 진행할 수 있다. 그런데 아직 현대 한국어에 대한 감정 데이터조차 부족한 상황이고, 제대로 된 한국어 기반 디지털 감정 사전도 공개된 것이 없다. 당연히 옛 한글과 한자로 되어 있는 고전 문학 작품에 대한 감정 데이터는 전혀 없다고 해도 과언이 아니다. 현대 한국어에 대한 감정 데이터도 부족한 상황에서 효용성이 떨어지는 옛 한글의 감정 데이터를 구축한다는 것은 요원한 일이기 때문이다. 이러한 상황에서 디지털 감정 분석을 활용하여 고전 문학 작품의 감정을 분석하는 방안으로 두 가지 대안을 제시할 수 있다.

AI가 내려온다

하나의 대안은 영어로 된 '빅 데이터' 기반의 디지털 감정 사전을 활용하는 것이다. 이는 현대어로 번역된 고전 문학 작품을 구글 번역기, 네이버 파파고 등을 활용하여 영어로 번역한 후 영어 기반의 디지털 감정 사전을 활용하여 감정을 자동 분석하는 방법이다. 다른 하나의 대안은 감정 설문 조사 방식을 통해 고전 문학 작품에 나타난 감정을 수동으로 입력하여 분석하는 것이다. 이는 빅 데이터보다 정교한 스몰 데이터(small data)를 구축하여 감정을 분석하는 방법이다. 여기에서 전자는 원전이 아닌 번역본을 대상으로 감정을 분석한다는 점, 감정은 보편적이기만 한 것이 아니라 문화적이기도 하다는 점 등으로 인해 정확도가 떨어질 수 있다는 단점이 있지만, 고전 문학 작품에 대한 감정 데이터를 자동 구축하여 연구의 효율성을 높일 수 있다는 장점이 있다. 후자의 방식은 인간이 직접 작품을 읽고 감정을 입력하는 것이기 때문에 정확도가 높을 수 있다는 장점이 있지만, 감정 데이터를 구축하는 과정에 많은 시간이 소요되어 연구의 효율성이 떨어진다는 단점이 있다.

이 책에서는 이러한 두 가지 대안을 활용하여 고전 문학 작품의 감정을 분석하는 프로세스를 살펴본다. 영어 기반 디지털 감정 사전을

그림 3.1. 디지털 감정 분석 프로세스.

활용하는 빅 데이터 기반 감정 분석 방식으로 「소현성록」 연작의 감정 분석을 수행했고, 스몰 데이터를 구축하는 방식으로는 「구운몽」의 감정을 분석했다.

빅 데이터 기반 감정 분석 프로세스: 「소현성록」 연작

옛 한글로 된 고전 문학을 원전 그대로 디지털 분석하는 것은 어려움이 따른다. 단순히 형태적 측면의 분석은 가능하지만, 감정과 같은 내용적 측면의 분석은 고전 문학 빅 데이터가 확보되지 않은 현재로서는 불가능에 가깝다. 따라서 이 책은 KRpia에서 서비스 중인 「소현성록」 중에서 「소승상 본전별서」, 「소현성록」 1권~15권의 현대어 번역본 748,595자를 대상으로, 「소현성록」에서 표출되는 감정의 표출 양상 및 변화 추이를 파악하는 프로세스를 제시하였는데 다음과 같다.

첫째, 「소현성록」 현대어 번역본을 문단, 문장으로 분리하고, '권별', '문단별', '문장별'의 문장 형태적인 부분과 '전체', '전후편', '인물별 단위담', '단위담 내부 서사 구조'의 서사 체계별로 구분한 고윳값을 지정하여 기본 데이터를 구축하였다.

그림 3.2. 「소현성록」 연작 감정 분석 프로세스.

AI가 내려온다

「소현성록」 연작은 삼대록계 국문 장편 소설로 분류된다. 삼대록계 국문 장편 소설은 여러 세대 복수 주인공의 이야기를 결합하여 하나의 작품을 구성하는 양식적 특징을 지닌다. 여기에서 복수 주인공의 이야기 하나하나를 단위담이라고 하는데, 「소현성록」 연작은 전편에서 1세대인 소현성의 단위담을 전개하고, 후편에서 2세대인 소운성과 소운명의 단위담을 반복적으로 전개하면서 단위담 사이사이에 요괴 퇴치담과 가문 구성원들의 간략한 개별 서사 등을 삽입하는 방식으로 구성되어 있다.

「소현성록」 연작의 서사 구조에 대해 박영희는 "① 소현성의 태몽과 출생, ② 소현성의 과거 급제, ③ 화 부인과의 혼인, ④ 석 부인과의 혼사 장애와 결연담, ⑤ 여 부인과의 사혼과 처처 갈등담, ⑥ 10자 5녀의 혼인담: 소씨삼대록, ⑦ 소현성의 죽음, ⑧ 소씨가의 번영과 4대의 이야기, ⑨ 후일담"으로 파악하였다.[35] 또 임치균은 소현성을 중심으로 한 혼사 장애담과 부녀자들 간의 쟁총(爭寵), 소운성을 중심으로 한 혼사 장애담과 부녀자들 간의 쟁총, 소운명을 중심으로 한 혼사 장애담과 부녀자들 간의 쟁총이라는 유사 갈등 구조가 병렬적으로 이어지면서 그 사이사이 작은 사건들이 삽입되는 서사 구조를 지니고 있다고 판단했다.[36] 또한 삼대록계 국문 장편 소설 속 복수 주인공들의 단위담들은 개별적으로 볼 때 하나의 완결된 이야기를 형성하지만, 작품 전체의 측면에서는 인물별로 하나의 단락을 형성한다고 볼 수 있다. 따라서 이 글에서는 표 3.1과 같이 인물별로 텍스트를 분절하고, 선행 연구의 서사 구조 분석에 따라서 소현성, 소운성, 소운명의 단위담은 혼사 장애 구조에 따라서 텍스트를 분절하여 기본 데이터를 구축하였다.

둘째, 최소 단위인 문장별로 분리된 번역본 텍스트를 구글 번역기를 통해서 영어로 번역하는 데이터 정제 작업을 진행하였다. 영어로 번역한 이유는 현시점에서 공개된 유의미한 한국어 감정 사전이 존재하지 않기 때문이다. 오픈한글(http://openhangul.com/)에서 제공하던 감성어 사전은 현재 서비스가 잠정 중단되어 있으며, 서울대학교 컴퓨터 언어학과의 Korea Sentiment Analysis Corpus(http://word.snu.ac.kr/kosac/)는 긍·부정만을 제공하는 한계가 있다.

영어 감정 사전을 한국어로 번역하여 적용하는 방법도 있으나 결국 동일한 기계 번역이기에 채택하지 않았다. 물론 가장 좋은 방법은 원문에 대한 직접적인 감정 분석이지만 옛 한글 감정 사전이 존재하지 않기에 우회적인 방법을 활용하였다.

엄격하게 이야기해서 현재의 방법을 통한 감정 분석은 「소현성록」 현대어 역자의 주관적인 생각이 일정 정도 투영된 감정 분석이다. 다만, 기존의 감정 분석도 결국은 개인 연구자의 직관이 투영된 결과물이라는 점에서 「소현성록」 현대어역은 집단적인 번역 작업이기에 개인의 주관적인 생각의 투영이 오히려 비교적 적으며, 본 분석에서는 개별 문장 단위가 아닌 단위담 등의 거대 군집을 대상으로 분석을 수행하였고, 마지막으로 「소현성록」 연구자에 의한 최종 검토 과정을 진행하였기에 허용 가능한 수준의 감정 분석 오차가 존재한다고 볼 수 있다.

표 3.1. 「소현성록」 연작의 서사 분절 일괄표.

DID	인물별 단위담 분절	DDID	단위담 내부 서사 분절
0	출생, 혼인 등에 대한 간략 명시만 있는 인물들의 서사	NA	분절 없음
1	「소승상 본전별서」	NA	분절 없음: 1권 18~21쪽
2	소현성 단위담: 1권 24~387쪽	1	출생: 1권 24~33쪽
		2	성장: 1권 33~63쪽
		3	화 부인과의 혼인: 1권 63~91쪽
		4	석 부인과의 혼인: 1권 91~183쪽
		5	여 부인과의 혼인: 1권 183~300쪽
		6	후일담: 1권 300~387쪽
3	소운경 단위담	NA	분절 없음: 2권 12~58쪽
4	소운성 단위담: 2권 59쪽~3권 197쪽	1	출생·성장담: 2권 59~66쪽
		2	형 부인과의 혼인: 2권 66~93쪽
		3	명현 공주와의 혼인: 2권 93쪽~3권 122쪽
		4	후일담: 3권 122~197쪽
5	소운명 단위담: 3권 204쪽~4권 69쪽	1	출생·성장담: 3권 204~205쪽
		2	임 부인과의 혼인: 3권 205~228쪽
		3	이 부인과의 혼인: 3권 224~309쪽
		4	정 부인과의 혼인: 3권 309~4권 56쪽
		5	후일담: 4권 56~69쪽
6	소수빙 단위담	NA	분절 없음: 4권 80~226쪽
7	소수주 단위담	NA	분절 없음: 4권 228~324쪽
8	연작 전체 후일담	NA	분절 없음: 4권 324~370쪽
9	「유문성 자운산 몽유록」	NA	분절 없음: 4권 372~376쪽

이상적인 연구 방법은 고소설 집필 시기의 감정 사전을 구축하는 것이다. 그러나 이는 현존하는 당대 어문 자료가 제한적이며 결국 현대인에 의한 감정 해석이기에 현실적으로는 실현 불가능하다. 차선책으로 원문을 대상으로 개별 문장 단위로 유관 전공자가 감정 수치를 입력하는 방법이 있다. 그러나 객관성을 갖추기 위해서는 최소 10명 이상의 유관 전공자가 참여해야 하기에 현실적으로 실현이 제한된다. 마지막으로 현대어 번역본에 대해서 한국어 감정 사전을 대입하는 방법이 있다. 그러나 상술하였다시피 현재 공개된 유의미한 현대 한국어 감정 사전이 존재하지 않기에 실현 불가하다. 따라서 이 책에서는 현재 상황에서 현실적으로 실현 가능하며 오류율을 최대한으로 줄이는 방법으로서, 영어로 번역한 후 영어 감정 사전을 활용하였다. 이렇게 구축되고 정제된 데이터는 표 3.2와 같은 형태로 이루어져 있다.

표 3.2와 같이 「소현성록」 연작의 감정 분석을 위한 기본 데이터는 MAINID, CID, PID, SID, PNID, DID, DDID, TEXTKO, TEXTEN 항목으로 구성되어 있다. MAINID는 각 문장의 고윳값으로 1부터 20708까지 있다. CID는 권별 고윳값으로 1부터 15까지 있다. PID는 문단별 고윳값, SID는 문장별 고윳값으로 각각 권마다 1로 다시 시작한다. PNID는 전후편 분류로 1권부터 4권은 1, 4권부터 15권까지는 2이다. DID는 「소현성록」 연작 전체의 서사 구조를 기반으로 한 분류이고, DDID는 인물별 단위담 내부의 서사 구조를 기반으로 한 분류이다.

표 3.2. 「소현성록」 연작의 기본 데이터 구축 및 정제 예시.

MAINID	CID	PID	SID	PNID	DID	DDID	textko	texten
61	1	11	41	1	2	1	14년을 기다려 문득 연이어 두 딸을 낳았으니 죽은 다음의 일들과 조상 제사는 누구에게 맡기겠나?	I waited 14 years and had two daughters consecutively. Who would I leave the things that followed and the ancestral sacrifices?
62	1	12	42	1	2	1	말을 마치고 눈물을 흘리니 주위가 다 근심에 눈물을 흘렸다.	When I finished speaking, I shed tears, and all around me shed tears of anxiety.
63	1	12	43	1	2	1	그 후로는 처사가 소망을 잃어 다시는 '아들'을 입에 올리지 않았다.	After that, the deceased lost hope and did not bring his son back to his mouth.

셋째, 영어 문장을 토대로 R(R version 3.4.4 (2018-03-15), http://www.r-project.org/. R 프로그래밍 언어는 통계 계산과 시각화를 위한 프로그래밍 언어이자 소프트웨어 환경이다.)의 syuzhet를 활용하여 감정 분석을 수행하였다. syuzhet의 기반 감정 사전은 NRC EmoLex이다. EmoLex는 각 단어별 긍정(positive), 부정(negative) 점수와 더불어 로버트 플루치크(Robert Plutchik)의 감정 팽이(wheel of emotions)를 활용하여 분노(anger), 기대(anticipation), 혐오(disgust), 두려움(fear), 즐거움(joy), 슬픔(sadness), 놀람(surprise), 신뢰(trust)에 대한 점수도 제공하고 있다. 이러한 각 단어별 감정 점수는 아마존(Amazon)의 메커니컬 터크(Mechanical Turk)를 활용하여 집단 지성으로 추출하였고, 구글 번역기를 통하여 영어를 제외한 다양한 언어로도 제공하고 있다.

현재 구글 번역기를 비롯한 자동 번역기는 기본적으로 일부 다의어를 제외하면 용언(term)에 대한 번역에서는 비교적 문제가 없는 반면에, 어순과 같은 문법론적인 문제와 맥락적인 의미 추정에 대한 문제가 아직 크게 나타난다. 그런데 이 책의 감정 분석 기법은 명사, 형용사, 동사를 중심으로 하는 각각의 용언에 대해서 각각의 감정의 수치가 병렬된 감정 사전으로 대상 문장을 분석하는 방법이다. 따라서 비록 번역에 따르는 용언 의미의 변형이나 결손 등의 문제를 완벽하게 배제할 수는 없으나, 현행의 감정 분석이 문장 단위가 아닌 용언 단위이기에 분석 과정의 오류율은 크지 않다고 볼 수 있다. 또한 감정 사전의 편찬자는 정서 기준(affective norms)이 문화-언어적인 차이에서도 안정적으로 나온다고 하였다. 물론 빅 데이터를 대상으로 할 경우 예외 변수가 돌출되지 않기에, 오차가 무시할 수 있는 수준일 수도 있지만, 이 책과 같이 제한된 데이터에 대한 분석에서는 일정 이상의 오차가 나타날 가능성도 분명 상존하고 있다. 따라서 이 분석에서는 데이터와 추출된 감정 결과에 대해서 「소현성록」 연구자에 의한 검토를 진행하였고, 단위담 혹은 전후편 등의 거대 군집으로 엮어서 개별 문장의 번역 및 기계적인 감정 분석에 따른 오차율을 최소화하였다.

넷째, 추출된 문장별 감정 수치를 '전체', '전후편', '인물별 단위담', '단위담 내부 서사 구조'로 구분하고 각각에 대한 통계 분석을 수행하고, 도출된 감정 지수를 R의 doBy를 활용하여 분석 및 시각화한다.

스몰 데이터 기반 감정 분석 프로세스: 「구운몽」

고전 소설을 현대 한국어로 번역하고 다시 영어로 번역하여 감정 데이터를 분석하는 방법은 현대어역 자체에 번역자의 의도가 투영될 수 있고, 무엇보다도 한국어와 영어라는 언어·문화적인 차이에 따라서 감정의 기준이 다를 수 있다는 근본적인 문제가 제기된다. 따라서 분석의 정확도를 높이기 위해서는 고전 문학 원전을 대상으로 직접 감정을 분석해야 하며, 이를 위한 감정 데이터는 인간이 직접 수동으로 입력하는 것 이외에는 방법이 없다. 그러나 옛 한글로 된 원전을 직접 읽고 감정을 입력할 수 있는 사람은 해당 분야 전공자들뿐이다. 분석의 타당성을 높이기 위해서는 하나의 작품에 대해 여러 명의 전공자가 각각 감정 데이터를 구축하고 이를 종합해야 하는데 현실적으로 매우 어려운 형편이다. 따라서 이 책에서는 분석의 정확도를 조금 낮추더라도 연구의 효율성을 높이는 방안으로써 국어국문학과 학생들이 현대어로 번역된 「구운몽」을 읽고 감정을 수동으로 입력하는 방식의 디지털 감정 분석 프로세스를 소개한다.

먼저 현대 한국어로 번역된 「구운몽」 텍스트 데이터(정병설 옮김, 『구운몽』, 문학동네, 2013년)를 분석 대상으로 선정하고, 문장별로 분절하여 총 4,798문장의 기본 데이터를 구축하였다. 이러한 기본 데이터는 문장별로 고유번호, 회차(回次), 화자, 청자, 문장 유형, 문장 내용의 항목으로 구성하였다.

다음으로 기본 데이터를 토대로 국문학을 전공하는 학생 5명이 각 문장에 나타난 다양한 감정과 감정의 강도를 수동으로 입력하는 방식으로 감정 데이터를 구축하였다.

그런데 소설 작품에는 인간의 다양한 감정들이 녹아들어 있고, 이러한 감정들은 하나의 기준에 근거하여 분류되는 것이 아니고 소설을 읽는 독자 개인마다 개별적인 차원에서 인지된다. 또 소설의 모든 문장이 감정을 포함하고 있는 것은 아니다. 따라서 처음 구축된 감정 데이터는 학생 5명의 개별적인 감정 인식을 토대로 50여 개의 감정들

그림 3.3. 「구운몽」 감정 분석 프로세스.

AI가 내려온다

이 입력되어 있고, 작업자마다 감정 용어, 입력 형식 등이 조금씩 다르다는 문제가 있었다. 따라서 분석을 위해서는 두 가지 측면에서 감정 데이터에 대한 정제가 필요하였다. 하나는 다양한 감정을 분석을 위한 기본 감정으로 변환하는 것으로 내용적 측면의 정제이고, 다른 하나는 감정 용어와 형식을 통일하는 것으로 감정 데이터의 형식적 측면의 정제이다. 내용적 측면의 감정 데이터 정제는 학생들이 입력한 다양한 감정들을 로버트 플루치크의 감정 팽이 이론에 근거하여 기쁨, 슬픔, 신뢰, 공포, 놀람, 분노, 기대, 혐오 등의 기본 감정으로 정제하고, 감정을 포함하지 않는 문장은 중립 감정으로 파악하는 방식으로 진행하였다. 형태적 측면의 정제는 예를 들어 '놀라서, 놀라운 척, 놀라움, 놀란, 놀람, 놀람(3), 놀람4, 놀람(4), 놀랍, 놀림, 당혹, 당황' 등 동일한 감정이 다르게 표현될 경우 '놀람'이라는 용어로 통일하고, '분노(5)/놀람(5), 분노5/놀람5, 분노(5) / 놀람(5), 분노5, 놀람5' 등 입력자에 따라 다른 감정 입력 형식이 다를 경우 '분노(5)/놀람(5)'으로 통일하는 방식으로 진행하였다. 이렇게 구축되고 정제된 「구운몽」 감정 데이터는 표 3.3과 같다.

마지막으로 정제된 데이터를 토대로 감정별 출현 빈도와 강도, 문장 유형별 감정의 출현 빈도와 강도, 챕터별 감정의 출현 빈도와 강도 등 다양한 방식을 통해 기본 감정의 양상을 분석하고 의미를 해석하였다.

표 3.3. 「구운몽」 감정 데이터 구축 및 정제 예시.

문장 번호	회차	화자	청자	문장 유형	문장 내용	감정	감정 강도
2509	9	백능파	양소유	2	저 미친 용왕의 아들놈이 첩의 형편이 외롭고 약하다며 업신여겨 군병을 이끌고 와서 첩을 핍박했는데, 첩이 억울함과 어려움을 무릅쓰고 뜻을 지키려고 하자 하늘과 땅이 감동하여 연못물이 얼음처럼 차갑게 지옥처럼 시커멓게 변해 버렸습니다.	분노	4
2510	9	백능파	양소유	2	그래서 바깥의 군대가 쉽게 들어올 수 없게 되었고, 이로써 첩은 위태로운 목숨을 지켰습니다.	기쁨	3
2511	9	백능파	양소유	2	지금 귀인을 이 누추한 곳에 모신 까닭은 제 속마음을 말하려고 한 것만은 아닙니다.	슬픔	1
2512	9	백능파	양소유	2	현재 당나라 군대가 이곳에서 야영한 지 오래입니다.	중립	0
2513	9	백능파	양소유	2	물을 얻으려고 해도 물길이 막혀 있고, 샘물이 말라 땅을 파 봐야 헛수고일 뿐입니다.	공포	1

디지털 감정 패턴 분석 프로세스: 「구운몽」

감정 패턴 분석은 서사의 흐름에 따라 감정 역시도 일정한 흐름이 존재할 것이라는 가정에서 출발하여, 작품에 나타난 감정의 출현 빈도와 서사의 흐름을 연결하기 위해 저자들이 고안한 분석 방법이다. 기본적으로 감정 패턴 분석은 기존에 존재하는 감정 데이터를 해석하기 위한 방법론이라 할 수 있다. 따라서 이 책에서는 감정 출현 빈도를 위해 구축하였던 「구운몽」 감정 데이터를 토대로 감정 패턴을 분석하는 방법을 소개한다.

감정의 패턴은 문장에 연속적으로 나타나는 감정들을 2, 3, 4, 5개로 묶어 식별하였다. 앞서 제시한 표 3.3.은 「구운몽」의 연속되는 5개의 문장에 대한 감정과 감정 강도를 입력한 것인데, 이를 토대로 감정 패턴을 분석하는 방식의 개념을 그림으로 살펴보면 다음과 같다.

그림 3.4에서 볼 수 있는 바와 같이 작품의 연속되는 문장에서 분노, 기쁨, 슬픔, 중립, 공포의 감정이 순차적으로 나타난다면, 이때 2패턴은 '분노-기쁨', '기쁨-슬픔', '슬픔-중립', '중립-공포'의 네 가지로 분석되고, 3패턴은 '분노-기쁨-슬픔', '기쁨-슬픔-중립', '슬픔-중립-공포'의 세 가지로 분석된다. 4패턴은 '분노-기쁨-슬픔-중립', '기쁨-슬픔-중립-공포'의 두 가지로 분석되고, 5패턴은 '분노-기쁨-슬픔-중립-공포'의 한 가지로 분석된다.

이러한 감정 패턴 분석은 감정의 흐름 즉 감정의 서사 구조를 파악하기 위한 것이기 때문에 「구운몽」 작품 전체에 대한 패턴별 양상과 회차에 따른 패턴별 양상 등을 분석하여 그 의미를 파악하였다.

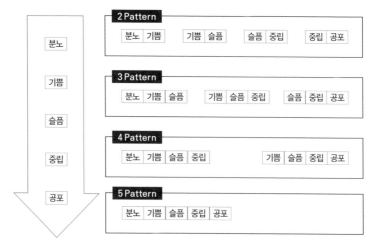

그림 3.4. 디지털 감정 패턴 분석 개념도.

그런데 감정의 패턴은 경우의 수가 무수히 많고 이를 다 살펴서 해석하는 것은 불가능에 가깝다. 따라서 시각화가 가능한 범위에서 출현 빈도가 높은 상위 5~10개 패턴을 대상으로 해석을 시도하였다.

감정의 출현 양상 분석을 통한 작품 연구

감정 연구의 의미와 현황

고전 소설에는 기쁨, 슬픔, 신뢰, 분노, 공포, 수치심, 혐오, 놀람 등 인간의 다채로운 감정이 풍부하게 녹아 있다. 이러한 감정을 분석하는 것은 고전 소설 작품을 이해하는 하나의 방법이다.

인간의 정서적 영역에 해당하는 감정은 캐릭터에 생명을 불어넣는 역할을 넘어 서사 내에서 인물의 개연성 및 서사적 정합성을 마련하는 데 기여한다. 때로는 서사와 독자를 밀착시켜 감화, 감동이 보다 쉽고 강렬하게 일어나도록 추동하며 작가의 의도가 독자에게 효과적으로 전달될 수 있도록 한다. 즉 감정은 인물 형상에서부터 사건, 배경, 주제, 지향, 플롯, 구성, 문체, 수용 등에 이르기까지 전 범위에 걸쳐 작동하며 작품의 미적 가치를 구현해 낸다.[37]

따라서 기존의 인문학적 연구에서도 고전 소설에 나타난 감정에 대한 다양한 연구들이 이루어져 왔다. 하지만 기존의 연구들은 연구자 개인의 직관에 따라 작품 전체에 나타난 감정을 일일이 찾아내고, 이를 토대로 감정의 의미를 도출하기 때문에 상당한 시간과 노력이 필요하다. 더욱이 국문 장편 소설은 그 분량의 방대함으로 인해서 더 많은 시간과 노력을 요한다.

감정을 인식한다는 것은 또한 다분히 주관적인 경향이 강할 수밖에 없다. 감정이라는 것은 사람에 따라서 개별적으로 인식될 수밖에 없기 때문에 하나의 작품에 나타난 감정의 양상을 연구자마다 상이하게 파악할 수밖에 없다는 문제도 존재하는 것이다.

디지털 감정 분석은 고전 소설의 감정 연구에 대한 기존 연구의 어려움을 보완하는 방안을 제시할 수 있다. 빅 데이터를 기반으로 자동으로 감정을 분석할 수 있기 때문에 시간과 노력을 최소화하고, 보다 객관적으로 감정을 인식할 수 있는 것이다.

작품 전체에 나타난 감정 분석

디지털 감정 분석은 감정의 출현 빈도 또는 비중, 감정 강도 등을 자동으로 끌어낼 수 있다. 하지만 디지털 기술을 통한 감정의 자동 분석은 기본적으로 문장 단위에 한정되어 있기 때문에, 감정의 의미를 해석하여 작품을 이해하기 위해서는 먼저 해석의 기준을 마련해야 한다.

가장 단순하면서 인간의 주관이 배제된 분석 기준은 '기본 감정별 출현 양상'이다. 이는 디지털 기술을 통해서 자동으로 분석한 문장별 감정의 양상을 단순하게 종합하는 것으로, 종합 수치를 그림이나 도표로 시각화하면 작품의 주된 감정이 무엇이고 배제되는 감정이 무엇인지 한눈에 파악할 수 있다.

그림 3.5는 「구운몽」의 기본 감정별 출현 비중과 강도를 나타낸 것으로, 막대 그래프는 출현 비중을, 꺾은선 그래프는 강도를 나타낸다. 여기에서 감정의 출현 비중은 중립 감정이 41.01퍼센트로 가장 많고, 그다음 기쁨(18.98퍼센트), 슬픔(13.18퍼센트), 신뢰(8.35퍼센트), 공포(6.17퍼센트), 놀람(5.66퍼센트), 분노(3.86퍼센트), 기대(1.64퍼센트), 혐오(1.15퍼센트)의 순서별 비중을 확인할 수 있다. 감정의 강도는 신뢰(3.373)가 가장 높고, 그다음이 기쁨과 슬픔(각 3.187), 그리고 공포(2.891), 놀람(3.064), 분노(3.022), 혐오(2.817), 기대(2.731), 중립(0)의 순서를 보여 준다.

감정의 출현 비중과 강도는 작품의 성격이 어떠한지, 독자들이 작품을 통해 어떠한 감정을 느끼고 있는지를 보여 준다. 감정 데이터는 작품에 반영된 작자의 의도가 드러나는 것이기도 하지만, 동시에 독

112

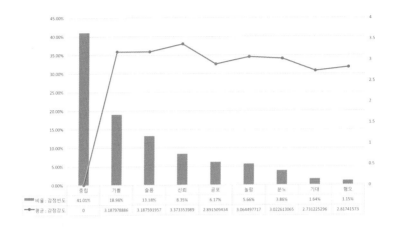

	중립	기쁨	슬픔	신뢰	공포	놀람	분노	기대	혐오
비율 : 감정빈도	41.01%	18.98%	13.18%	8.35%	6.17%	5.66%	3.86%	1.64%	1.15%
평균 : 감정강도	0	3.187978886	3.187591957	3.373353989	2.891509434	3.064497717	3.022613065	2.731225296	2.81741573

그림 3.5. 「구운몽」의 기본 감정별 비중 및 강도.

자들이 작품을 읽으면서 느끼는 감정을 나타내는 것이기 때문이다.

　「구운몽」의 기본 감정별 비중 및 강도에서는 두 가지 지점이 주목된다. 첫째는, 기쁨, 슬픔, 신뢰 등의 감정 출현 비중과 강도가 높다는 것이다. 이는 기쁨, 슬픔, 신뢰 등의 감정이 「구운몽」의 성격을 이해하는 데 주요한 키워드로 작용한다는 것을 의미한다. 둘째는, 「구운몽」에서 혐오의 감정이 거의 배제되어 있다는 것이다. 혐오의 감정은 1.15퍼센트로 매우 적은 비중을 차지하고, 그마저도 대부분 수치(공포+혐오), 의심(놀람+혐오), 회한(슬픔+혐오) 등의 이중 감정에서 비롯되고 있다.

　일반적으로 고전 소설에서 혐오의 감정은 반동 인물에 대한 부정적 평가나 반동 인물들의 부정적인 언행을 통해 나타난다. 이러한 점에서 혐오 감정의 비중이 매우 낮은 「구운몽」은 반동 인물이라고 할 만한 인물이 없는 주동 인물 중심의 작품으로 파악할 수 있다. 즉 기본 감정별 비중 및 강도가 보여 주는 바는 「구운몽」이 예교(禮教)나 가문 의식의 강박이 없고, 어떤 이념을 실천하겠다는 목적 의식도, 주인공을 위기에 빠뜨리는 적대자도, 처첩 간의 갈등도 없다고 파악되는 것과 관련되는 것이다.[38]

이렇듯 기본 감정별 출현 양상을 해석하면 큰 틀에서 작품을 이해하는 데 도움을 줄 수 있다. 하지만 작품을 구체적 이해하기 위해서는 보다 세분화된 기준을 마련해야 하는데, 이를 위해서는 문장별로 구축한 기본 데이터에 부가 정보를 입력할 필요가 있다. 간단히 입력할 수 있는 부가 정보로는 먼저 문장 유형을 들 수 있는데, 이를 통해서 '문장 유형별 감정의 출현 양상'을 살펴볼 수 있다.

일반적으로 고전 소설은 전지적 작가의 시점을 보여 주는 서술문(敍述文), 등장 인물의 대화문(對話文), 등장 인물들끼리 주고받는 시문(詩文), 그리고 등장 인물들의 독백(獨白) 등의 문장 유형으로 이루어진다. 이러한 문장 유형은 작품에서 각각의 기능을 담당하고 있는데, 문장 유형에 따른 기본 감정의 양상은 이를 보여 주는 것으로 파악된다.

표 3.3은 「구운몽」의 문장 유형별 감정의 비중이다. 「구운몽」은 총 4,798개의 문장으로 분절되는데, 문장 유형에 따라 서술이 41퍼센트(1,965개), 대화가 50퍼센트(2,397개), 시문이 6.2퍼센트(298개), 독백이 2.8퍼센트(133개)의 비중을 차지한다. 표 3.3을 통해 알 수 있듯이 문장 유형별 감정의 출현 비중은 기본적으로 문장 수에 비례하고, 다른 감정들보다

표 3.3. 「구운몽」의 문장 유형별 감정 비중(%).

문장 유형	중립	기쁨	슬픔	신뢰	공포	놀람	분노	기대	혐오	계
서술 (41%)	19.66	6.51	3.66	2.73	1.60	2.51	0.84	0.55	0.24	38.31
대화 (50.01%)	18.62	10.47	7.15	4.54	3.80	2.72	2.54	0.79	0.76	51.39
시문 (6.22%)	2.05	1.59	1.45	0.91	0.48	0.15	0.30	0.22	0.08	7.23
독백 (2.77%)	0.68	0.41	0.92	0.16	0.29	0.27	0.17	0.08	0.06	3.06
총합계 (100%)	41.01	18.98	13.18	8.35	6.17	5.66	3.86	1.64	1.15	100.00

중립 감정이 가장 많은 비중을 차지하고 있다. 그런데 서술은 타 감정에 비해 중립의 비중이 3배 가까이 높은 반면, 독백은 중립보다 슬픔이 높은 비중을 보여 준다. 즉 서술은 중립적인 성향이 강한 반면, 독백은 감정적인 성향이 강한 것이다. 이는 서술이 서사를 전개하는 기능을 담당하고, 독백은 인물의 감정을 표현하는 기능을 담당하는 특성을 보여 주는 것으로 파악된다. 이러한 점은 문장 유형별 감정의 강도를 꺾은선 그래프로 나타낸 그림 3.2를 통해서도 확인할 수 있다.

그림 3.6에서 중립을 포함한 감정의 강도는 시문 > 독백 > 대화 > 서술의 순서를 보여 준다. 이는 시문이 남녀 주인공 사이에 오가는 시(詩)와 사(辭), 임금께 아뢰는 상소문(上疏文) 등을 포괄하는 것으로서 독백과 함께 감정적인 성향이 강한 데 반하여 대화와 서술은 비교적 중립적인 성향이 강하다는 것을 의미한다.

그런데 중립을 제외하고 감정의 강도를 측정하면, 시문 > 서술 > 독백 > 대화의 순서를 보여 준다. 즉 서술의 감정 강도가 매우 높아지는 것이다. 이는 서술이 사건을 설명하거나 전개하는 기능만이 아니라, 인물과 사건에 대해 평가하는 기능을 동시에 지니고 있기 때문으로 파악할 수 있다. 즉 서술은 사건을 설명하거나 전개할 때는 중립적인 성향을 보여 주지만, 인물과 사건에 대해 평가할 때는 작자의 의도를 강하게 반영하여 감정적인 기술을 보여 주는 것이다.

문장별로 구축된 기본 데이터에 발화자와 대상자 정보를 입력하는 것도 작품을 전체적으로 조망하는 데 도움을 준다. 발화자 정보는 서술자, 등장 인물들이며, 대상자 정보는 발화 내용에 해당하는

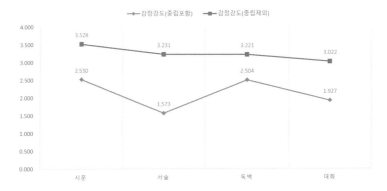

그림 3.6. 중립 포함 유무에 따른 문장 유형별 감정 강도(평균).

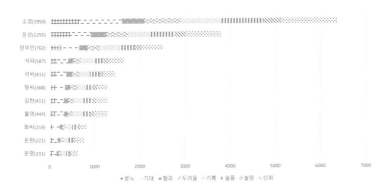

그림 3.7. 인물별 발화 문장에 나타난 감정의 표출 빈도(합계).

인물들을 말한다. 예를 들어 서술자가 주인공을 묘사하는 문장이면, 발화자는 서술자, 대상자는 주인공을 입력하는 것이고, 남주인공이 여주인공에게 말하는 문장이라면, 발화자는 남주인공, 대상자는 여주인공을 입력하는 것이다. 이러한 발화자와 대상자의 정보는 '인물별 감정의 출현 양상'을 분석할 수 있도록 해 주며, 이를 통해 인물의 성격이나 인물 간의 관계 등을 파악할 수 있다.

그림 3.7은 「소현성록」 연작에서 발화의 양이 많은 인물을 중심으로 감정의 표출 빈도를 살펴본 것으로 괄호 안의 숫자는 인물별 발화 문장의 개수이고, 막대 그래프는 감정 표출 빈도 합계 수치이다.

「소현성록」 연작의 인물별 발화 문장은 총 10,348개이다. 그중 발화 문장이 200개가 넘는 인물은 총 11명이었다. 이들의 발화량은 '소경(1950) > 운성(1255) > 양 부인(762) > 석파(587) > 월영(443) > 석 씨(411) = 김현(411) > 형 씨(368) > 운명(231) > 운현(221) > 화 씨(219)' 등의 순으로 나타난다. 이러한 순서는 기본적으로 소경과 양 부인이 전편에서부터 후편에 이르기까지 중심 인물로서 기능한다는 것, 후편에서 장자인 소운경이 아니라 삼자인 소운성이 가문의 핵심 인물로 기능한다는 것 등을 의미한다. 또한 11명 중 양 부인, 석파, 월영, 운현 등은 보조 인물임에도 많은 발화량을 보여 주는데, 이는 주인공뿐만 아니라 보조 인물 역시 서사 전개 과정에서 중요한 역할을 수행하고 있음을 의미한다.

인물별 발화 문장에 나타난 감정 표출 빈도 합계치는 앞의 그림 3.3의 막대 그래프로 살펴볼 수 있는 바와 같이 '소경(6370) > 운성(3783) > 양 부인(2503) > 석파(1638) > 석 씨(1452) > 형 씨(1279) > 김현(1274) > 월영(1272) > 화 씨(812) > 운현(770) > 운명(620)'의 순서를 보여 준다.

여기에서 주목되는 점은 먼저 소경과 운명의 감정 표출 빈도이다.

소경과 운명은 정인군자(正人君子)와 풍류재자(風流才子)로 파악되는 인물이다. 여기에서 정인군자는 감정이나 욕망을 절제하는 성격을 지니는 반면, 풍류재자는 자신의 감정이나 욕망을 풍부하게 표현하는 성격을 지니는 것으로 파악된다.[39] 따라서 감정 표출 빈도는 소경이 낮게, 운명이 높게 나타날 것으로 예상되지만, 결과는 그 반대였다. 소경이「소현성록」연작의 주인공으로서 가장 많은 발화의 양을 보이기에 그에 상응하여 감정의 표출 총량도 높을 수밖에 없다. 하지만 이를 감안하더라도 소경의 감정 표현은 절제의 정인군자, 표출의 풍류재자의 고정 관념과는 일정한 거리가 있는 것이다.

다음으로 주목되는 점은 보조 인물인 운현의 감정 표출이 운명보다도 높게 나타난다는 것이다. 작품에서 운현은 과거 급제, 혼인 등의 간략한 기술만이 나타나고 소운성과 소운명의 단위담에서 보조 인물로 활약하는 인물이지만, 거대 단위담의 운명보다도 높은 감정을 표출하고 있는 것이다. 운현의 활약은 운성을 도와 지방에 은거한 형 씨를 찾아 데려온다거나, 석 씨 소생이라는 이유로 화 씨로부터 차별 대우를 받을 때 화 씨에게 직언하며 첨예하게 대립하는 모습 등으로 나타난다. 이는 운현이 사건을 진척시키거나 갈등의 주체로 활약하면서 거대 단위담을 끌고 가는 중요한 조연임을 의미한다.

그런데 감정 표출 빈도의 합계치는 많은 부분 발화 문장의 양과 연관된다. 대체로 발화가 많을수록 감정 표출 빈도의 합계치는 높게 나올 수밖에 없기 때문이다. 따라서 각 인물들의 감정 표출 빈도가 지니는 의미를 보다 명확하게 파악하기 위해서 다음과 같이 인물별 발화에 나타난 감정 표출 빈도의 평균치를 살펴볼 필요가 있다.

그림 3.8에서 감정의 표출 빈도 평균치는 발화량 대비 감정의 표출 수치로, '화 씨(3.70) > 석 씨(3.53) > 운현(3.48) > 형 씨(3.47) > 양 부인(3.28) > 소경(3.26) > 김현(3.09) > 운성(3.01) > 월영(2.87) > 석파(2.79) > 운명(2.68)'의 순을 보여 준다. 이러한 감정 표출 빈도의 평균치는 앞선 합계치 분석과는 다른 양상을 보여 주고 있는데, 다음의 몇 가지 지점이 주목된다.

첫째, 11명 중 가장 적게 발화했던 화 씨의 감정 표출 빈도가 가장 높다. 화 씨의 발화 빈도는 많지 않지만, 각각의 발화에서 모두 강한 감정 표출을 보인다는 의미이다. 이는 작품 속에서 '화 씨가 가장 감정적인 인물'[40]이라고 파악되는 것과 관련된다.

둘째, 보조 인물인 운현의 감정 표출 빈도가 세 번째로 높다. 운현

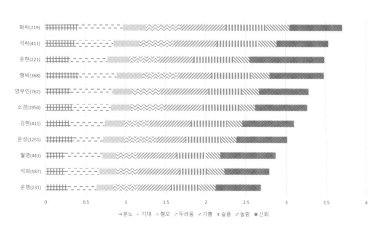

그림 3.8. 인물별 발화 문장에 나타난 감정의 표출 빈도(평균).

AI가 내려온다

은 등장하는 분량에 비해서 상당히 많은 발화량을 보여 주고 감정 역시도 풍부하게 표현하고 있는 것이다. 이는 앞선 발화량 분석에서 제기한 바와 같이「소현성록」연작이 보조 인물을 적극적으로 활용하고 있고, 보조 인물로서 운현이 운명과 운성의 단위담에서 사건의 진행, 갈등의 전개 등에 있어서 주요한 역할을 수행하고 있다는 것이다.

셋째, 이상적인 사대부 남성과 여성으로 파악되었던 소경과 석 씨의 감정 표출 빈도가 상당히 높은 반면, 풍류재자로 파악된 운명의 감정 표출 빈도는 가장 낮다. 석 씨는 화씨 다음으로 가장 높은 감정 표출 빈도를 보여 주며, 소경은 운성이나 운명보다 평균적으로 많은 감정을 표현하고 있다. 즉 소경과 석 씨는 감정을 절제하는 인물로, 운명은 감정을 있는 그대로 표현하는 인물로 분석하던 기존의 연구와 반대의 결과가 도출되는 것이다.

이러한 감정의 표출 빈도 평균치는 단위담별로 또는 전후편별로 서사를 구분하지 않고,「소현성록」연작 전체에 나타난 인물별 발화를 종합하여 분석한 결과이다. 따라서 동일 인물이더라도 맡은 역할에 따라서 감정의 표출 양상이 다를 수 있다는 문제 의식이 제기될 수 있다. 즉 소경, 석 씨 등이 전편에서 주인공으로 활약할 때의 감정과 후편에서 보조 인물로 활약할 때의 감정이 상이한 양상을 보일 수도 있는 것이다.

이상에서 '기본 감정별 출현 양상', '문장 유형별 감정 출현 양상', '인물별 감정 출현 양상' 등을 분석하고 해석하는 방법을 살펴보았다. 이러한 방법은 작품 전체의 감정 양상을 종합 수치로 분석하여 큰 틀에서 작품을 이해하는 데 도움을 줄 수 있다. 하지만 감정이 어디에서 어떤 양상으로 나타나는지, 그것의 의미는 무엇인지 등을 구체적으로 파악하는 것은 불가능하다. 작품에 나타난 감정의 구체적인 양상을 파악하기 위해서는 서사의 흐름에 따라서 텍스트를 분절하여 감정의 양상을 분석할 필요가 있다. 고전 소설에서 서사의 흐름을 파악하는 전통적인 방법은 시간적 순서에 따라서 서사를 구조화하는 것이다. 서사 구조는 사건들이 결합하는 방식이나 서로 맺고 있는 연관 관계 또는 질서를 가리키며, 하나의 이야기는 이러한 서사 구조를 통해서 완성되기 때문이다. 따라서 서사 구조에 따라서 작품을 분절하여 감정을 분석하면 보다 구체적으로 작품의 이해를 도모할 수 있다.

회차별 감정 분석:「구운몽」

서사 구조는 일반적으로 작품의 표현 층위에서는 숨겨져 있는 것이 일반적이다. 따라서 서사 구조를 밝히는 것은 작품 분석의 기본이자 핵심이라고 할 수 있다. 그런데 고전 소설 중 몇몇 작품은 일종의 서사 구조가 명시되어 있는 경우가 있는데,「구운몽」과 같은 장회체 (章回體) 형식의 소설이 그것이다.

「구운몽」은 총 16회차로 구성이 되어 있고 각 회차마다 제목을 달아 놓고 있다. 여기에서 회차는 작가가 직접적으로 전체 이야기를 구분하고 분절해 놓은 단위로서, 일종의 서사 구조로 이해할 수 있다. 따라서 회차별로 감정의 양상을 분석하면, 서사의 흐름에 따른 감정의 흐름 파악이 가능하다.

그림 3.9는 「구운몽」의 회차별 전체 감정의 강도를 도식화한 것이다. 여기에서 주목되는 지점은 1, 4, 7회차이다. 회차 진행에 따른 감정 강도의 흐름을 비교했을 때, 중립 감정을 포함했을 경우 1회차는 강도가 높아지고, 4, 7회차는 감정 강도가 현저히 낮아졌기 때문이다. 이러한 변화는 일단 중립 감정의 강도가 0이라는 측면에서 중립 감정의 회차별 비중의 차이를 보여 주는 것으로 추측할 수 있다. 즉 다른 회차에 비교하여 1회차는 중립 감정의 비중이 적고 4·7회차는 중립 감정의 비중이 크기 때문에 나타난 결과라고 추측할 수 있는 것이다. 하지만 실제의 측정값은 이와 상이한 양상을 보여 준다.

그림 3.10에서 볼 수 있듯이 회차별 중립 감정은 16회차가 가장 적고, 13회차가 가장 많은 비중을 차지하고 있다. 즉 중립 감정이 감정의 강도에 영향을 미치는 것은 분명하지만, 기쁨과 슬픔 등 기본 감정의 회차별 비중과 강도가 종합되었을 때에야 비로소 그 의미를 명확히 파악할 수 있다는 것이다. 이러한 점에서 주목되는 지점은 13회차이다. 13회차는 감정의 비중이 가장 높고, 감정의 강도(중립 포함 2순위, 중립 제외 1순위) 또한 매우 높게 나타나고 있는데 중립 감정의 비중도 가장 높기 때문이다. 실제로 13회차는 토번의 반란을 진압하고 돌아온 양소유가 난양 공주, 영양 공주(정경패)와 혼인함으로써 팔선녀의 환생과 결합을 완료하는 지점이며, 양소유와 부인들이 서로 속고 속이는 흥미진진한 내용을 다루고 있다. 즉 13회차는 성진이 품었던 욕망이 온전하게 실현되는 지점으로써 작품의 하이라이트에 해당하

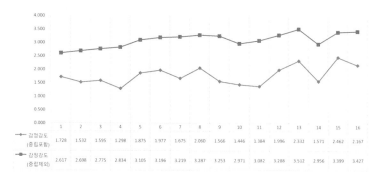

	1	2	3	4	5	6	7	8	9	10	11	12	13	14	15	16
감정강도 (중립포함)	1.728	1.532	1.595	1.298	1.875	1.977	1.675	2.060	1.566	1.446	1.384	1.996	2.332	1.571	2.462	2.167
감정강도 (중립제외)	2.617	2.698	2.775	2.834	3.105	3.196	3.219	3.287	3.253	2.971	3.082	3.288	3.512	2.956	3.399	3.427

그림 3.9. 중립 포함 유무에 따른 회차별 감정 강도(평균).

	1	2	3	4	5	6	7	8	9	10	11	12	13	14	15	16
혐오	0.12%	0.02%	0.06%	0.15%	0.10%	0.15%	0.01%	0.03%	0.06%	0.01%	0.01%	0.00%	0.12%	0.08%	0.14%	0.08%
기대	0.14%	0.20%	0.24%	0.09%	0.09%	0.16%	0.05%	0.12%	0.02%	0.04%	0.01%	0.03%	0.05%	0.18%	0.16%	0.07%
분노	0.21%	0.03%	0.08%	0.10%	0.12%	0.44%	0.14%	0.31%	0.26%	0.12%	0.03%	0.07%	0.71%	0.46%	0.69%	0.14%
놀람	0.48%	0.27%	0.16%	0.35%	0.49%	0.63%	0.11%	0.30%	0.17%	0.36%	0.14%	0.27%	0.67%	0.46%	0.33%	0.27%
공포	0.71%	0.38%	0.16%	0.40%	0.38%	0.59%	0.26%	0.51%	0.28%	0.19%	0.15%	0.29%	0.51%	0.52%	0.20%	
신뢰	0.44%	0.67%	0.55%	0.40%	0.58%	0.56%	0.34%	0.46%	0.10%	0.36%	0.43%	0.76%	1.12%	0.33%	0.91%	0.31%
슬픔	0.81%	0.65%	0.27%	0.38%	1.08%	1.28%	0.65%	1.65%	0.19%	0.82%	0.33%	1.50%	1.73%	0.48%	0.96%	0.39%
기쁨	1.02%	0.98%	1.24%	0.67%	1.60%	1.83%	0.87%	0.79%	0.80%	0.81%	1.13%	2.13%	1.59%	2.40%	0.73%	
중립	2.03%	2.44%	2.05%	3.01%	2.92%	3.48%	2.39%	2.48%	1.58%	2.85%	2.33%	2.63%	3.62%	3.59%	2.33%	1.28%

그림 3.10. 회차별 기본 감정 비중(기본).

는 것이다. 따라서 13회차의 감정 비중과 강도는 작품을 읽는 독자들이 13회차에서 감정적인 동요를 가장 크게 느낀다는 것으로, 수용자적 입장에서 「구운몽」의 가장 핵심적인 내용은 양소유와 팔선녀 환생의 온전한 결합이라는 것을 의미한다.

「구운몽」의 '기본 감정별 비중'의 종합 순서는 '중립(41.01퍼센트) > 기

쁨(18.98퍼센트) > 슬픔(13.18퍼센트) > 신뢰(8.35퍼센트) > 공포(6.17퍼센트) >

놀람(5.66퍼센트) > 분노(3.86퍼센트) > 기대(1.64퍼센트) > 혐오(1.15퍼센트)'이

다. 그런데 회차별로 보면 다양한 순서 변화를 살펴볼 수 있다. 기본

감정별 비중의 종합 순서와 비교했을 때, 1회차는 공포와 놀람의 비

중이 높아지고, 2, 3회차는 신뢰의 비중이 높아진다. 4회차는 신뢰와

공포의 비중이 높아지고, 6, 8회차는 공포의 비중이 높아진다. 9회차

는 공포, 분노의 비중이 높아지고, 10회차는 슬픔과 놀람의 비중이

높아지며, 11회차는 신뢰의 비중이 높아진다. 12회차는 슬픔의 비중

이 높아지고, 14회차는 공포, 놀람, 분노의 비중이 높아진다. (언급하지

않았던 5, 7, 13, 15, 16회차는 기본 감정 비중의 종합 순서와 동일한 양상을 보여 준다.)

　이러한 기본 감정별 비중의 회차별 변화는 당연히 회차별로 내용

이 상이하기 때문에 발생하지만, 서술자의 개입 정도나 회차별로 중

심되는 인물의 차이 등도 그 영향력을 무시할 수 없다. 따라서 보다

구체적인 양상을 살펴보기 위해서 기본 데이터에 발화자, 대상자 등

의 인물 정보를 부가적으로 입력하고 서술자, 남주인공(성진과 양소유),

여주인공(팔선녀 및 각각의 환생) 각각의 회차별 감정 비중을 살펴보았다.

　전반적으로 서술자, 남주인공, 여주인공의 기본 감정별 비중의 순

서는 조금씩 상이하게 나타난다. 먼저 표 3.4에서 서술자의 감정 비중

은 작품 전체의 기본 감정 비중과 비교했을 때 놀람이 공포보다 높은

비중을 보여 준다. 또한 1, 2, 3, 11, 14, 16회차에서 신뢰의 감정이 상대

적으로 높은 비중을 차지하고 있으며, 그 외에도 1회차의 공포, 3회

차의 기대, 8회차의 분노와 슬픔, 9회차의 분노 등이 상대적으로 비

표 3.4. 서술자의 회차별 감정 비중.

회차	중립	기쁨	슬픔	신뢰	놀람	공포	분노	기대	혐오
1	3.36%	1.32%	0.61%	0.73%	0.47%	0.76%	0.15%	0.18%	0.10%
2	3.13%	1.10%	0.98%	1.01%	0.47%	0.29%	0.02%	0.26%	0.04%
3	1.86%	1.16%	0.09%	0.56%	0.17%	0.12%	0.09%	0.38%	0.08%
4	2.72%	0.57%	0.30%	0.34%	0.37%	0.22%	0.04%	0.05%	0.05%
5	4.26%	1.20%	1.15%	0.44%	0.65%	0.25%	0.03%	0.06%	0.02%
6	4.39%	1.46%	1.12%	0.51%	0.72%	0.24%	0.34%	0.13%	0.10%
7	3.42%	1.09%	0.71%	0.40%	0.44%	0.25%	0.13%	0.07%	0.01%
8	2.38%	0.48%	0.93%	0.12%	0.15%	0.35%	0.23%	0.06%	0.02%
9	1.72%	0.40%	0.13%	0.06%	0.32%	0.40%	0.18%	0.02%	0.05%
10	2.97%	0.83%	0.52%	0.36%	0.32%	0.10%	0.02%	0.02%	0.00%
11	2.44%	0.69%	0.13%	0.32%	0.14%	0.03%	0.02%	0.01%	0.00%
12	3.71%	0.85%	1.01%	0.52%	0.28%	0.32%	0.08%	0.05%	0.00%
13	4.63%	1.74%	1.21%	0.81%	0.62%	0.25%	0.26%	0.06%	0.06%
14	5.00%	1.64%	0.13%	0.33%	0.47%	0.08%	0.31%	0.17%	0.02%
15	3.31%	1.91%	0.51%	0.36%	0.31%	0.16%	0.25%	0.03%	0.02%
16	1.79%	0.82%	0.25%	0.30%	0.40%	0.14%	0.08%	0.07%	0.04%

중이 높게 나타나고 있다.

다음으로 표 3.5에서 남주인공인 성진과 양소유의 경우는 전체적으로 공포의 감정이 신뢰보다 높은 비중을 차지하고 있다. 11회차에 남주인공의 감정이 나타나지 않는 것은 남주인공 양소유가 한 번도 등장하지 않기 때문이다. 회차별로는 1, 8, 10, 13, 16회차의 슬픔의 감정과 6, 13, 14, 15회차의 기쁨의 감정이 상대적으로 높은 비중을 보여 준다. 회차별, 서술자의 회차별 감정 비중의 경우 모든 회차에서 중립 감정이 가장 높은 비중을 차지했었다면, 남주인공의 경우는 중립보다 높거나 비슷한 슬픔과 기쁨의 감정을 표출하고 있는 것이다. 이외에도 1회차의 놀람, 4회차의 기대와 분노, 14회차의 신뢰 등의 감정이 상대적으로 비중이 높아지는 것을 확인할 수 있다.

여주인공의 경우 회차별 감정 비중(기본)과 비교했을 때, 전반적으로 상이하게 나타난다. 슬픔의 감정이 기쁨보다 높은 비중을 보여 주고, 놀람과 분노, 기대와 혐오가 상반된 순서를 보여 주는 것이다. 그리고 1, 5, 15회차에서는 기쁨의 감정이 중립보다 높은 비중을 보여 주고, 1, 2, 3, 5, 13, 15, 16회차에서는 기쁨이 슬픔보다 높은 비중을 보여 준다. 이외에도 4, 14회차의 공포, 13, 14회차의 분노 등의 감정이 상대적으로 비중이 높아지고 있음을 알 수 있다.

이상의 내용을 종합하면 「구운몽」은 기쁨, 슬픔, 신뢰 등을 주된 감정으로 하고, 주동 인물 중심의 서사를 전개하면서 13회차가 절정인 작품으로 파악할 수 있다. 이러한 「구운몽」의 주된 감정은 서술자, 남주인공, 여주인공의 발화를 중심으로 파악된다. 중립 감정과의 관

표 3.5. 남주인공의 회차별 감정 비중

회차	중립	기쁨	슬픔	공포	신뢰	놀람	분노	기대	혐오
1	1.28%	0.94%	2.12%	1.21%	0.18%	1.01%	0.11%	0.18%	0.22%
2	1.66%	1.15%	0.61%	0.32%	0.56%	0.31%	0.09%	0.32%	0.00%
3	1.51%	1.12%	0.32%	0.14%	0.31%	0.11%	0.04%	0.14%	0.05%
4	2.38%	0.85%	0.14%	0.40%	0.16%	0.05%	0.29%	0.29%	0.04%
5	1.30%	1.01%	0.83%	0.13%	0.45%	0.29%	0.00%	0.04%	0.02%
6	3.76%	3.38%	1.93%	1.06%	1.30%	0.90%	0.90%	0.29%	0.18%
7	1.76%	0.67%	0.36%	0.34%	0.36%	0.34%	0.07%	0.00%	0.04%
8	2.66%	1.42%	2.66%	0.92%	0.90%	0.45%	0.54%	0.38%	0.04%
9	1.55%	0.56%	0.02%	0.09%	0.23%	0.09%	0.49%	0.05%	0.11%
10	0.83%	0.14%	0.40%	0.00%	0.02%	0.09%	0.00%	0.05%	0.02%
11	0%	0%	0%	0%	0%	0%	0%	0%	0%
12	0.32%	0.38%	2.16%	0.43%	0.13%	0.07%	0.14%	0.04%	0.00%
13	3.69%	3.49%	3.66%	2.20%	1.80%	1.08%	0.92%	0.07%	0.23%
14	2.09%	2.20%	0.11%	0.07%	0.43%	0.22%	0.14%	0.14%	0.07%
15	1.62%	3.20%	1.94%	1.62%	1.19%	0.38%	1.15%	0.09%	0.20%
16	1.48%	0.65%	1.24%	0.56%	0.20%	0.38%	0.36%	0.14%	0.31%

계 속에서 서술자의 발화는 놀람과 신뢰의 감정이, 남주인공의 발화에서는 공포, 기쁨, 슬픔의 감정이, 여주인공의 발화에서는 슬픔, 기쁨의 감정이 주목된다. 서술자의 발화는 모든 회차에서 중립이 가장 높은 비중을 보여 주면서 놀람과 신뢰의 감정이 돌출된다면, 남녀 주인공의 발화는 기쁨과 슬픔의 감정이 중립보다 높거나 비슷한 수치를 보여 주는 회차들이 빈번하게 나타나는 것이다. 이는 서술자의 경우 중립적인 성향이 강하면서도 어떠한 사건이나 인물에 대한 발화에서 놀람과 신뢰의 감정을 강하게 표출하는 경향이 있다는 것이고, 남녀 주인공은 만남과 헤어짐에 따라 기쁨과 슬픔의 감정을 큰 폭으로 표출하는 감정적인 인물임을 나타낸다. 기존의 연구에서 「구운몽」의 남녀 주인공이 재자와 가인으로 형상화된다."[41]라고 파악하였던 것은 이러한 남녀 주인공의 감정적인 성격을 반영하고 있는 것으로 이해할 수 있다.

이외에도 남주인공은 공포의 감정이 상대적으로 높은 비중을 보인다. 이는 남주인공이 공포스러운 경험을 하는 경우가 자주 있다는 것으로 이해할 수 있지만, 대체로 염려(기대+공포), 경외(놀람+공포), 순종(신뢰+공포) 등 이중적인 감정에 포함된 공포의 감정이 표출되는 것으로 파악된다. 즉 사랑하는 여주인공에 대한 염려, 임금에 대한 충성(신뢰), 초월적인 존재에 대한 경외 등의 감정이 드러난다는 것이다. 여주인공의 경우는 남녀 간의 만남 못지않게 여주인공들끼리의 관계에서 기쁨의 감정을 빈번하게 표출하고 있다. 이는 정경패와 가춘운, 정경패와 이소화 등의 관계에서 확인할 수 있다. 이러한 점은 근

표 3.6. 여주인공의 회차별 감정 비중.

회차	중립	슬픔	기쁨	신뢰	공포	분노	놀람	혐오	기대
1	0.63%	0.36%	0.69%	0.12%	0.27%	0.04%	0.13%	0.04%	0.10%
2	0.67%	0.09%	0.27%	0.16%	0.25%	0.03%	0.03%	0.00%	0.16%
3	2.95%	0.69%	1.51%	1.06%	0.31%	0.13%	0.21%	0.07%	0.19%
4	3.34%	0.86%	0.58%	0.58%	0.89%	0.09%	0.67%	0.57%	0.03%
5	2.44%	1.40%	2.40%	1.27%	0.97%	0.48%	0.31%	0.39%	0.19%
6	1.24%	1.21%	0.86%	0.33%	0.36%	0.16%	0.28%	0.03%	0.16%
7	1.24%	1.15%	0.63%	0.21%	0.40%	0.09%	0.19%	0.00%	0.06%
8	2.77%	2.44%	0.77%	0.49%	0.43%	0.09%	0.33%	0.03%	0.04%
9	1.49%	0.55%	0.43%	0.13%	0.34%	0.22%	0.04%	0.04%	0.00%
10	3.83%	1.89%	1.01%	0.55%	0.43%	0.15%	0.63%	0.12%	0.06%
11	3.38%	1.13%	0.95%	0.61%	0.51%	0.06%	0.15%	0.03%	0.01%
12	2.40%	1.55%	1.15%	1.04%	0.24%	0.01%	0.36%	0.00%	0.00%
13	3.13%	2.31%	2.47%	1.40%	0.40%	1.80%	0.67%	0.24%	0.01%
14	2.92%	1.46%	1.00%	0.15%	1.94%	1.27%	0.46%	0.25%	0.16%
15	1.27%	0.72%	1.67%	0.82%	0.25%	0.79%	0.25%	0.04%	0.33%
16	0.24%	0.19%	0.57%	0.15%	0.21%	0.13%	0.01%	0.04%	0.07%

대 초기 「구운몽」을 "지금까지 창작된 가장 감동적인 일부다처 로맨
스로서 이해할 수 없을 만치 먼 과거의 원시적이며 소박한 양태이지
만 그 주인공들이 서로 헌신하는 이야기로 파악하였던 영국의 여성
독자 엘스펫 스콧(Elspet Scott)의 시선"[42]과 연결되고, "「구운몽」을 각
종 상처를 안은 여성들이 양소유 주변에 모여 자기 삶을 안정시키는
팔선녀전"[43]으로 파악되는 논의와도 이어진다.

  장회체 형식은 작가가 직접적으로 서사의 분절 단위를 제시한 것
이기 때문에, 감정의 흐름을 분석하는 객관적인 기준으로 삼을 수 있
다. 하지만 고전 소설에서 장회체 형식을 지닌 작품들은 사실상 많지
않다. 따라서 서사의 흐름에 따른 감정의 흐름을 파악하기 위해서는
서사 구조라는 인문학적 지식을 기반으로 작품을 분절하여 해석할
필요가 있다.

서사 단위별 감정 분석: 「소현성록」 연작

  고전 소설은 대부분 인물의 일생에 따른 통과 의례적 구조로 이루
어져 있다. "통과 의례는 인간 사회에서 어느 시대 어떤 사회를 막론
하고 그들의 삶 가운데 가장 중요시되는 관습이다. 통과 의례는 건국
신화에서부터 한국 문화 속에 강한 종교성과 사회성을 지니고 전승
되어 왔다. 신화에 근원을 두고 있는 고전 소설 역시 주인공의 출생
(出生), 결연(結緣), 입공(立功)을 중심으로 하는 통과 의례적 일생이라는
공통성을 지니고 전개된다."[44] 따라서 통과 의례적 구조는 고전 서사
의 흐름을 파악할 수 있는 적절한 분절 기준이 될 수 있다.

그런데 국문 장편 소설의 대다수는 연작형으로 이루어져 있으면서, 가문의 구성원으로서 혈통의 연속성이 유지되는 복수 주인공의 일대기를 다루고 있다. 통과 의례적 일생을 구현하는 여러 개의 단위 이야기, 즉 단위담들의 결합으로 구성되어 있는 것이다. 여기에서 단위담은 완결된 서사를 갖춘 하나의 이야기이면서 동시에 전체 이야기를 구성하는 하나의 단락으로서의 역할을 수행한다.[45] 따라서 국문 장편 소설에 나타난 감정의 구체적인 양상은 통과 의례적 구조에 따라서 단위담별로 감정의 양상을 분석하는 방법과 단위담을 하나의 단락으로 파악하여 작품 전체에 나타난 감정의 흐름을 분석하는 방법 등으로 살펴볼 수 있다.

「소현성록」 연작은 국문 장편 소설의 대표적인 작품으로, 소현성의 일대기를 다룬 전편과 소운성, 소운명 등 자녀들의 일대기를 다루는 후편으로 이루어져 있다. 작품은 이러한 복수 주인공의 단위담들을 순차적으로 전개하면서 그 사이사이 작은 사건들을 삽입하는 서사 구조를 보여 준다. 그리고 각각의 단위담들은 혼사 장애와 부녀자들 간의 쟁총이라는 유사한 갈등 구조로 이루어져 있다. 이러한 「소현성록」 연작의 서사 단위를 디지털 감정 분석의 기준으로 삼아서 도표로 제시하면 다음과 같다.

표 3.7에서 살펴볼 수 있는 바와 같이 작품은 연작의 형식에 따라서 「소승상 본전별서」와 소현성 단위담으로 이루어진 전편과 이하 단위담으로 이루어진 후편으로 구분된다. 그리고 혼사 장애를 중심으로 한 통과 의례적 구조는 하나의 단위담 내부를 분절하는 단위가

되고, 하나의 단위담들은 다시 작품 전체를 분절하는 단위가 된다. 이러한 서사 단위 분절을 기준으로 할 경우 전편과 후편 또는 단위담 간의 감정 비교가 가능하고, 또한 복수 주인공 중 한 사람의 서사를 관통하는 감정의 흐름과 작품 전체의 감정 흐름을 파악할 수 있도록 해 준다.

가장 세부적인 기준으로서, 통과 의례적 구조를 분절 단위로 삼아 감정을 분석하면, 해당 인물의 일대기를 관통하는 감정이 흐름을 파악할 수 있고, 그 인물의 성격 및 역할 등을 규명하는 데 도움을 준다. 「소현성록」 연작에서 통과 의례적 구조를 보여 주는 단위담은 소현성, 소운성, 소운명 단위담이다.

그림 3.11은 '출생담⑴-성장담⑵-혼인담1⑶-혼인담2⑷-혼인담3⑸-후일담⑹'의 통과 의례적 일생에 따라서 소현성 단위담의 감정별 출현 양상을 시각화한 것이다. 먼저 출생담⑴에서는 분노, 기대, 즐거움, 놀람, 신뢰가 동시다발적으로 높게 출현하고, 성장담⑵에서는 두려움과 슬픔의 감정이 이어지고 있다. 이러한 이유는 출생담과 성장담에서 다루고 있는 서사 내용의 특성 때문이라고 생각된다. 소현성의 출생담은 소 씨 가문의 배경이 되는 자운산이라는 공간의 환상성, 만득자(晩得子) 모티프, 명산대천에 기자치성(祈子致誠)을 드리는 것, 영보도군이 85일간의 말미를 얻어 환생한다는 태몽, 유복자(遺腹子) 모티프, 소현성의 신이한 출생 등의 내용을 다루고 있다. 따라서 출생담은 그 내용적 특징으로 인해 분노, 기대, 즐거움, 놀람, 신뢰 등으로 인식되는 감정적인 어휘들이 높은 빈도로 출현하는 것으로 파

표 3.7. 「소현성록」 연작의 서사 분절 일괄표.

PNID	DID	인물별 단위담 분절	DDID	단위담 내부 서사 분절
전편	0	출생, 혼인 등에 대한 간략 명시만 있는 인물들의 서사	NA	분절 없음
	1	「소승상 본전별서」	NA	분절 없음: 1권 18~21쪽
	2	소현성 단위담: 1권 24~387쪽	1	출생: 1권 24~33쪽
			2	성장: 1권 33~63쪽
			3	혼인담1(화 부인): 1권 63~91쪽
			4	혼인담2(석 부인): 1권 91~183쪽
			5	혼인담3(여 부인): 1권 183~300쪽
			6	후일담: 1권 300~387쪽
후편	3	소운경 단위담	NA	분절 없음: 2권 12~58쪽
	4	소운성 단위담: 2권 59쪽~3권 197쪽	1	출생·성장담: 2권 59~66쪽
			2	혼인담1(형 부인): 2권 66~93쪽
			3	혼인담2(명현 공주): 2권 93쪽~3권 122쪽
			4	후일담: 3권 122~197쪽
	5	소운명 단위담: 3권 204쪽~4권 69쪽	1	출생·성장담: 3권 204~205쪽
			2	혼인담1(임 부인): 3권 205~228쪽
			3	혼인담2(이 부인): 3권 224~309쪽
			4	혼인담3(정 부인): 3권 309~4권 56쪽
			5	후일담: 4권 56~69쪽
	6	소수빙 단위담	NA	분절 없음: 4권 80~226쪽
	7	소수주 단위담	NA	분절 없음: 4권 228~324쪽
	8	연작 전체 후일담	NA	분절 없음: 4권 324~370쪽
	9	「유문성 자운산 몽유록」	NA	분절 없음: 4권 372~376쪽

AI가 내려온다

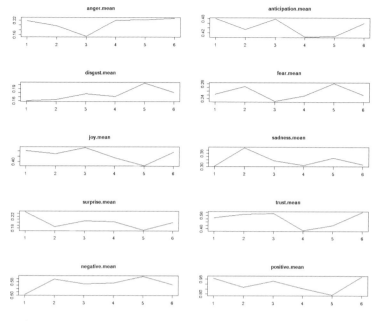

그림 3.11. 소현성 단위담의 감정 출현 빈도.

악할 수 있다. 그리고 성장담은 소현성의 둘째 누이인 소교영의 훼절 (毁折) 사건을 다루고 있는 대목이다. 이 대목에서 양 부인은 가문을 위해 훼절한 둘째 딸을 일말의 망설임도 없이 사약을 주어 자살시키 고 선산에도 묻지 못하게 하는 엄정한 모습을 보여 준다. 하지만 양 부인이 교영을 안장하고 돌아오는 소현성을 끌어안고 통곡하는 장 면은 자식의 생명을 지켜 주고 싶은 양 부인의 심정과 가문의 명예와 유지를 걱정해야 하는 가장으로서의 고민이 심각하게 충돌하면서 그 비애가 매우 극단적으로 표출된다.[46] 또한 그 과정에서 양 부인의 심정을 헤아려 아무런 말도 못 하고 눈물로 누이의 죽음을 바라볼 수밖에 없었던 소현성의 심정을 형상화하면서 성장담에는 두려움과 슬픔의 감정이 강하게 표출되는 것이다.

화 부인과의 혼인담1(3)에는 기대, 즐거움, 신뢰 등의 감정이 강하게 표출되고, 상대적으로 분노의 감정은 특히 낮은 출현 빈도를 보인다. 기존 연구에서 화 부인은 작품 내에서 종종 부정적으로 서술되며, 가장 이상적인 남성인 소현성이나 이상적인 여성인 석 부인과 비교되어 열등한 인물로 평가되었다. 감정적이라는 최대의 단점을 지니고 있어서 가부장제에서 요구되는 여성상에 부합하지 않는 인물로 파악된 것이다.[47] 하지만 이 대목에서 화 부인은 시댁의 가풍을 따르며 소현성에게 순종하는 모습을 보여 준다. 또한 이 대목은 소현성이 제가(齊家)를 잘하고 관료로서 민심이 흉흉한 지역을 안정시키는 가문 외적 성취를 이룩하는 대목이기도 하다. 즉 화 부인의 감정이 구체화되지 않고, 소현성의 성취가 부각되는 대목으로서 기대, 즐거움, 신뢰 등의 감정이 강하게 표출되는 것이다.

이후 석 부인과의 혼인담2(4)에서 분노가 급격하게 상승하면서 동시에 기대와 즐거움 그리고 신뢰가 급락하게 된다. 여 부인과의 혼인담3(5)에서는 지속적인 분노와 동시에 강력한 두려움과 혐오를 느끼게 되고, 후일담(6)에서는 아직 분노의 감정이 남아 있지만 혐오와 두려움이 줄어들고, 즐거움, 기대, 신뢰가 다시 상승하고 있다.

감정 출현 빈도의 변화는 중심 갈등의 전개 양상과 궤적을 같이한다. 즉 석 부인과의 혼인으로 본격적인 혼사 갈등이 시작되면서 기대, 즐거움, 신뢰의 감정이 급락하고 분노의 감정이 급격하게 상승하고, 여 부인의 추악한 인물 성격과 그녀의 악행으로 인해 분노와 혐오의 감정이 지속적으로 강하게 표출되며, 혼사 갈등이 종료된 이후는 분노, 혐오, 두려움 등의 감정이 줄어들고 다시 즐거움, 기대, 신뢰의 감정 출현 빈도가 상승하는 것이다.

그림 3.12는 소운성 단위담을 '출생·성장담(1)-혼인담1(2)-혼인담2(3)-후일담(4)'의 통과 의례적 일생에 따라서 분절하여 감정별 변화 추이를 시각화한 것이다. 소운성의 단위담에 나타난 세부 감정의 변화 양상은 전체적으로 분노+혐오+두려움+슬픔+부정의 감정 세트와 기대+즐거움+신뢰+긍정의 감정 세트 간의 역함수 곡선을 그리고 있다. 먼저 출생·성장담(1)에서는 분노+혐오+두려움+슬픔+놀람이 매우 강하게 나타나고, 형 부인과의 혼인담1(2)에서는 기대, 즐거움, 신뢰의 감정이 강력하게 표출된다. 이후 명현 공주와의 혼인담2(3)에서 다시 분노+혐오+두려움+슬픔이 급상승하고, 즐거움이 급락하기는 하지만 기대와 신뢰는 여전히 존재하고 있는 양상으로 긍·부정이 모두 강력하게 혼재되어서 나타난다. 마지막 후일담(4)에서는 놀람을 제외한 다른 감정들이 점차 소폭 하락하여 정적으로 수렴되고 있다. 이러한 감정의 서사 구조 분석 결과는 기존 연구에서 분석한 소운성 단위담의 서사 구조와 대체로 일치하는 것으로 보인다. 또한 소운성 단위담의 감정 서사 구조는 아래와 같이 국문 장편소설의 특징과 소운성의 영웅호걸(英雄豪傑)적 인물 성격을 보여 주는 것으로 파악할 수 있다.

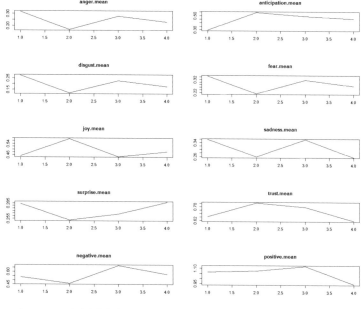

그림 3.12. 소운성 단위담의 감정 출현 빈도.

출생·성장담(1)에는 소운성이 석파의 외족인 소영을 겁탈하는 사건이 전개된다. 장난기 많은 석파는 어린 소운성에게 여자아이에게 찍는 순결의 징표인 앵혈(鶯血)을 찍는다. 이때 소운성은 여자아이에게나 찍는 앵혈을 찍힌 것에 분노하고 급기야 석파의 외족인 소영을 겁탈하여 앵혈을 없앤다. 이로 인해 소운성은 장책(杖責)을 받기도 하고 방일, 방탕하다는 평가를 받기도 한다. 따라서 출생·성장담에는 앵혈 사건과 관련한 분노나 혐오, 두려움 등의 감정이 강하게 표출되는 것이다.

반면에 형 부인과의 혼인담1⑵에서는 다시 부정적 세트 감정들의 출현 빈도가 급락하고, 긍정적 세트의 감정들의 출현이 강해지는데, 이는 형 부인과의 혼인이 소운성의 애욕 추구가 실현된 결과이기 때문이다. 소운성은 외가댁에 놀러 갔다가 우연히 형 씨를 보고 첫눈에 반한 후 외조부에게 중매를 부탁하고, 형 씨와 혼인하게 된다. 소현성이 주자가례(朱子家禮)에 입각해 자신의 의지와 상관없이 혼인하기 때문에 이와 관련한 감정의 표현들이 드문 반면에, 소운성의 혼인은 자신의 애욕을 추구한 결과이기 때문에 이와 관련한 감정들의 표현이 강한 것이고 따라서 부정적인 감정보다는 긍정적 세트의 감정들의 출현 빈도가 높게 나타나는 것으로 파악된다. 그런데 부정적 세트의 감정은 다시 명현 공주와의 혼인담2⑶에서 상승하는 것으로 나타나는데, 이는 황실이라는 권력을 등에 업고 자신의 정실 부인과의 인연을 훼방 놓는 명현 공주에 대한 소운성의 부정적 세트의 감정이 표출되는 것이고, 명현 공주의 죽음 이후 갈등이 종료된 후 후일담⑷에서는 부정적 세트의 감정 출현 빈도는 소폭 하락하는 양상으로 전개되는 것이다.

　이러한 감정의 분석 결과는 소운성 단위담의 감정 흐름이 소운성 중심으로 전개됨을 의미한다. 즉 소운성 단위담은 다분히 남성 중심적인 서술 시각을 지닌 것으로 해석할 수 있는 것이다.

　그림 3.13은 '출생·성장담⑴-혼인담1⑵-혼인담2⑶-혼인담3⑷-후일담⑸'의 통과 의례적 일생에 따라서 소운명 단위담의 감정별 출현 양상을 시각화한 것이다. 소운명 단위담의 감정 변화 양상은 전체적

으로 출생·성장담(1)과 정 부인과의 혼인담3(4)에서 감정이 강력하게 표출된다는 것과 두려움과 슬픔의 감정이 지속적으로 상승한다는 것이 주목된다. 출생·성장담(1)을 제외하면 기대, 즐거움, 신뢰 등의 긍정적 세트 감정은 일정한 수치를 보여 주고, 분노, 혐오, 두려움, 슬픔 등의 부정적 세트 감정은 정부인과의 혼인담3(4)에서 강력하게 표출되는 것이다. 먼저 출생·성장담(1)에서 감정이 강력하게 표출되는 이유는 분량이 적으면서도 그 내용의 대부분이 소운명의 성정을 묘사하거나 서술하는 인물평이기 때문이다. 인물평에는 감정 어휘의 출현 빈도가 높을 수밖에 없는데, 분량마저 적기 때문에 감정 어휘

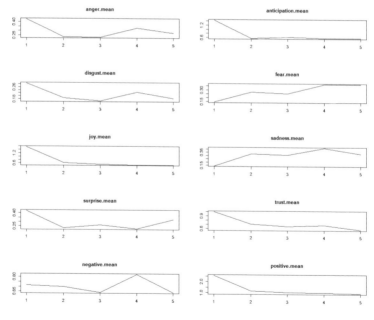

그림 3.13. 소운명 단위담의 감정 출현 빈도.

출현의 평균치가 높게 형성되는 것이다. 또 정 부인과의 혼인담3(4)에서 분노, 혐오, 두려움, 슬픔, 등의 감정이 강하게 표출되는 것은 당연히 그 내용이 정 부인의 악행으로 인한 이 부인의 고난을 다루는 내용적인 특성과 연계된 것으로 이해할 수 있다. 감정별로 분노와 혐오가 출생·성장담에서 강력하게 대두되고 하강하였다가 정 부인과의 혼인담3(4)에서 소폭 상승하는 양상을 보여 준다거나, 기대, 즐거움, 신뢰의 감정이 출생·성장담에서 강력하게 대두되었다가 다른 부분에서는 상대적으로 약하게 나타나는 것 등 역시 출생·성장담의 내용적 특징에서 비롯되는 것으로 이해할 수 있다.

소운명의 출생·성장담(1)이 적은 분량과 많은 감정 어휘의 표현을 보여 준다는 것은 기존의 연구 방법론에 따른다면 큰 의미가 없을지도 모른다. 구체적인 내용이나 사건의 전개가 없는 도입부 정도로 파악되기 때문이다. 그런데 감정의 출현 빈도가 높다는 통계치는 곧 독자들이 그 부분을 읽으면서 쉽게 감정적으로 동조한다는 것을 의미한다. 디지털 감정 사전은 어떤 어휘, 문장 등에 대해 사람들이 어떠한 감정을 느끼는가에 대한 수많은 개별 데이터를 집약해서 만든 것이기 때문이다. 즉 소운명의 출생·성장담에 나타난 감정의 높은 출현 빈도는 독자들이 그 단락을 통해 감정적으로 동화되어 작품에 몰입할 수 있도록 하는 일종의 서술 전략으로 파악할 수 있는 것이다.

소운명 단위담에 나타난 감정별 출현 빈도의 변화 양상에서 주목되는 점은 또한 슬픔이 시간이 갈수록 지속적으로 상승하여 정부인과의 혼인담에서 최고조를 이루고 후일담에서도 그것이 지속되고 있다는 점이다. 이는 소운명 단위담에서 슬픔의 감정이 매우 중요한 역할을 수행하고 있음을 의미한다. 내용적인 측면에서 소운명의 단위담은 다분히 슬픔의 정조를 지닌 이야기로 파악할 수 있다. 고난을 당하다가 끝내 단명하는 여주인공 이 부인의 입장에서 당연한 것이고, 남주인공인 소운명의 입장에서도 마찬가지이다. 임 부인과의 혼인담1(2)에서 소운명은 형수들의 빼어난 미모를 보면서 자신도 아리따운 여인을 부인으로 맞고 싶다는 생각을 하지만, 부녀자의 덕성은 누구보다 뛰어나지만 추한 외모를 지닌 임 씨를 첫째 부인으로 맞는다. 이후 임 부인을 존경하는 마음을 가지기는 하지만 출세해서 빼어난 미모를 지닌 여인을 재실로 맞고 싶다는 욕망을 키운다. 이 부인과의 혼인담2(3)에서 운명은 소망대로 어여쁜 이 부인과 혼인하지만, 이 부인이 단명할 운명이라는 말을 들은 양 부인에 의해 별거하는 처지에 놓인다. 부인을 존경하지만 사랑하지 않거나, 사랑하는 부인과 따로 떨어져 지내야 하는 처지는 운명의 입장에서 안타깝고 슬픈 일이 아닐 수 없다. 이후 정 부인과의 혼인담3(4)은 운명이 정 부인의 음해로 인해 이 부인을 오해하고 박대하면서 슬픔의 감정이 극대화되는 것으로 볼 수 있다. 정 부인의 악행이 밝혀진 이후에는 슬픔의 감정이 소진되어야겠지만, 천상의 운명으로 인해 사랑하는 이 부인이 결국 단명하기 때문에 슬픔의 감정은 후일담(5)에서도 지속되는 것이다. 이러한 슬픔의 지속적인 상승과 유지는 소운명이 국문 장편 소설에서 보여 주는 남주인공의 유형적인 인물 성격과 다른 독특한 인물 성격을 지니고 있다는 점에서 비롯된다고 할 수 있다. 일반적으로 국문 장편 소설의 남주인공은 정인군자 유형과 영웅호걸 유형으로 구분되는데, 소운명은 문약하지만 애욕만큼은 누구보다 강한 풍류재자 유형의 인물로 형상화되는 것이다. 이는 여타의 국문 장편 소설에서 찾아볼 수 없는 독특한 인물 성격을 보여 주는 것이고, 이에 따라 그 이야기 역시 감정적인 측면에서 독특한 서사 유형을 보여 주는 것으로 파악할 수 있다.

통과 의례적 구조에 따른 단위담별 감정 분석 내용을 종합하면, 소현성 단위담은 비교적 감정의 출현 빈도가 낮게 나타나고, 소운성 단위담은 감정 변화의 등락이 명확하며, 소운명 단위담은 지속적인 슬픔의 감정이 유지되는 양상을 보여 준다. 이는 「소현성록」 연작이 유사한 갈등 구조를 지니고 있음에도 불구하고, 인물의 성격, 인물 간의 관계 등의 변화를 통해 감정의 흐름을 달리하면서 각각의 이야기가 독자들에게 새롭게 받아들여질 수 있었음을 의미한다.

그런데 하나의 단위담은 완결된 서사이기도 하지만, 작품 전체적인 측면에서 서사의 분절 단위로 기능한다. 따라서 단위담을 분절 단위로 삼아 감정을 분석하면, 작품 전체의 감정 흐름을 파악할 수 있고, 전후편 간 또는 단위담 간의 감정을 비교해 볼 수 있다.

그림 3.14는 단위담을 기준으로 「소현성록」 연작의 서사를 분절하고 감정의 출현 빈도를 분석하여 시각화한 것이다. 인문학적으로 감정을 분석한 기존의 연구에서 「소현성록」 연작은 특정 감정이 작품의 정서를 지배하기보다 희비라는 상반된 감정을 비교적 균일한 단위로 배열하여 정서적 균형미를 창출해 내는데, 전편은 감정을 드러

내는 심리 상태가 탁월하게 묘사되어 있고, 후편은 감정 상태를 직접 노출하거나 감정적 행위를 통해 섬세한 인물의 감정을 보여 주며, 전편보다 후편에서 인물들의 감정 표출이 적극적이고 그 허용치가 크다고 파악된다.[48]

그림 3.14의 디지털 감정 분석 결과는 「소현성록」 연작에 기쁨, 슬픔, 분노, 기대, 혐오, 두려움, 놀람, 신뢰 등의 감정들이 모두 정서적으로 균형을 이루며 배치되어 있는 것으로 나타난다. 작품의 구성적 측면에서 감정 어휘들이 일정한 규칙을 가지고 배치되어 있는 것이다. 감정 어휘의 균형적 배치는 개별 단위담이 지닌 서사 구조와 연관되어 있다. 즉 단위담 내부의 기승전결에 따라서 감정의 굴곡이 그려지는 것이다. 또한 연작 전체의 측면에서 소운성 단위담의 감정이 가장 큰 등락을 보여 주고, 앞뒤로 소현성과 소운명의 단위담에서 다소 완만한 감정의 굴곡이 그려진다는 것은 「소현성록」 연작 전체가 감정의

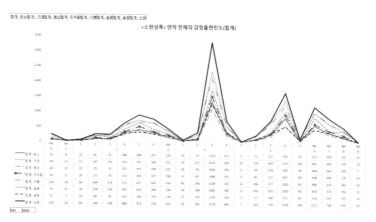

그림 3.14. 「소현성록」 연작 전체의 감정 출현 빈도(합계).

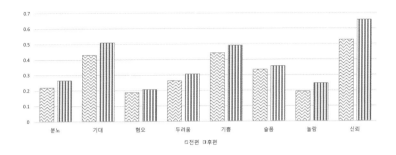

그림 3.15. 전후편에 나타난 감정의 출현 빈도.

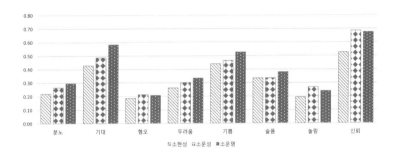

그림 3.16. 인물별 단위담에 나타난 감정의 표출 빈도.

측면에서 서사적 균형미를 갖추고 구성되었음을 의미한다.

그런데 「소현성록」 연작의 전편과 후편의 감정 표출 양상이 다르다는 것은 감정이 「소현성록」 연작의 한 특징으로서 전편과 후편을 대비할 수 있는 하나의 기준이 될 수 있음을 의미한다.

그림 3.15와 같이 연작의 전편과 후편에 나타난 감정 출현 빈도의 분석 결과는 전반적으로 전편보다 후편에서 감정이 고조됨을 확인

할 수 있다. 이러한 전후편의 감정 출현 양상 차이는 인물의 성격에 따른 차이로 이해할 수도 있다. 전편은 정인군자로 형상화되고 있는 소현성의 이야기가 중심이고, 후편은 영웅호걸, 풍류재자 등으로 파악할 수 있는 소운성과 소운명의 이야기가 중심이기 때문이다. 즉 감정을 절제하는 금욕적인 성격의 소현성과 자신의 감정을 솔직하게 있는 그대로 표현하는 소운성과 소운명의 인물 성격 차이가 전후편의 감정 어휘의 정량적인 차이를 만들어 낸다는 것이다. 이는 그림 3.16의 인물별의 단위담에 나타난 감정 출현 빈도 분석 결과를 통해서도 확인할 수 있다.

전반적으로 소현성의 단위담보다는 소운성과 소운명의 단위담에서 감정의 출현 빈도가 높게 나타난다. 이러한 감정의 출현 빈도는 얼핏 「소현성록」 연작의 장르적 성격 및 등장 인물의 유형적 성격과 관련된 것으로 파악할 수 있다. 「소현성록」 연작은 가문 소설이라는 장르 명칭으로 불리는 작품으로서, 가문을 창달하는 인물과 창달된 가문 안에서 부귀를 누리는 인물들의 이야기를 다루기 때문에 가문의 창달과 벌열화(閥閱化)라는 가문 의식과 관련성이 높은 기대, 기쁨, 신뢰 등의 감정들이 강하게 표출되고, 분노, 혐오, 두려움, 놀람 등의 감정은 약하게 나타나는 것으로 파악할 수 있는 것이다. 또한 삼대록계 국문 장편 소설의 남주인공은 정인군자와 영웅호걸로 유형화되는데, 감정과 관련해서 정인군자는 감정을 절제하는 경향이 강하고, 영웅호걸은 자신의 감정을 즉각적으로 표출하는 경향이 강하기 때문에 정인군자 유형에 해당하는 소현성 단위담의 감정 표현이 소운

AI가 내려온다

성과 소운명의 단위담에 비하여 절제되는 것으로 이해할 수 있는 것이다.

이러한 소현성 단위담의 감정 출현 빈도는 국문 장편 소설의 한 특성을 보여 주는 것으로 이해할 수 있다. 전편에서 절제와 금욕의 군자상이자 효의 화신으로 평가되는 소현성은 가장 청빈하면서도 이상적인 사대부의 모습을 지닌 인물로 그려진다. 따라서 그림 3.12에서 볼 수 있는 바와 같이 소현성 단위담의 감정은 소운성과 소운명의 단위담과 비교했을 때 전반적으로 낮은 출현 빈도를 보여 준다. 이는 국문 장편 소설이 성정의 바름을 감정의 절제를 통해 구현하고, 그것을 인(仁)과 결부시켜 군자와 숙녀를 미적 대상으로 주목하도록 견인하는 특성과 관련된 것으로 파악할 수도 있다. 이러한 특성상 국문 장편 소설의 인물들은 사회 규범 요소와 상류층의 예법 등과 관련된 감정의 규칙을 따르고, 이 규칙에서 이탈하는 인물들의 감정은 감화와 처벌을 통해서 제어하는 경향을 보이는 것이다.[49]

그런데 그림 3.6에서 살펴본 바와 같이 슬픔의 감정 출현 빈도는 전편과 후편에서 큰 차이를 보이지 않는다. 다른 감정들이 절제되어 있다는 것을 고려한다면 슬픔의 감정은 오히려 높은 수치를 보여 주는 것으로 파악할 수 있다. 이는 슬픔이 가족 윤리에 근간을 둔 도덕 감정으로써 오히려 장려되는 것임을 의미한다. 즉 가족의 고난, 분리, 죽음 등에 대한 안타까움과 상실감 등에서 비롯되는 슬픔의 감정은 인물의 지극한 효성이나 가족애, 인간미 등을 구현하는 것이며, 마땅한 눈물로써 윤리 규범의 실천이라는 당위와 맞물리면서 인물의 긍

정성을 강화하고 당대 지배 이데올로기를 지지해 주는 수사적 장치로 적극 활용되는 것이다.[50]

소현성 단위담에 나타난 슬픔의 출현 빈도는 또한 국문 장편 소설의 서술 전략과도 연관된 것으로 보인다. 사대부가 여성이 주요한 향유층이었던 국문 장편 소설은 사대부 여성들에게 일부다처제를 유지하기 위해 필요한 여도(女道)나 부덕(婦德)을 가르치는 교훈서의 역할도 했지만, 한편으로 억압되어 있는 사대부 여성들의 내면 감정이나 욕망을 이해하고 용인하는 독서물의 역할을 수행했다. 조선 시대 가부장제 사회의 특성상 여성 독자층의 현실적 처지와 욕망은 텍스트 전반에서 연속적이고 주도적인 흐름을 통해서 그 의미를 전면적으로 드러내지 못한다.[51] 따라서 가문의 성장이라는 남성 중심의 가문 의식을 표면에 내세우고, 그 이면에서 주 향유층인 여성들이 공감할 수 있는 여주인공의 수난담, 즉 슬픔의 서사를 전개하는 서술 전략을 취한 것으로 이해할 수 있는 것이다.[52] 이를 통해서 여성 독자들은 작품에 지속적인 흥미를 가지고 몰입할 수 있고, 그렇기 때문에 슬픔은 가문 의식과 관련성이 높은 기대, 기쁨, 신뢰 등의 감정들보다는 출현 빈도가 낮지만, 분노, 혐오, 두려움보다는 강하게 출현하는 것이다.

한편으로 후편의 감정 양상은 반대의 해석이 가능하다. 다른 감정들이 전편 대비 높은 출현 빈도를 보인다는 점을 감안할 때, 슬픔의 감정은 오히려 적게 출현하는 것으로 파악할 수 있기 때문이다. 이는 도덕 감정으로서 슬픔이 후편에서는 더 이상 부각되지 않는다는 것을 의미한다. 즉 「소현성록」 연작은 전편이 여타의 감정을 절제하면서 도덕 감정인 슬픔을 부각시키는 서술 방식을 취하고 있다면, 후편은 모든 감정 전반을 풍부하게 표현하는 서술 방식을 취하고 있는 것이다. 따라서 슬픔의 감정은 「소현성록」 연작 전후편의 서술 방식을 구분하는 하나의 구체적인 기준이 될 수 있다.

이상에서 살펴본 회차별 감정 분석, 서사 단위별 감정 분석은 작품 전체의 감정을 분석하는 것과 달리 서사의 흐름에 따른 감정의 흐름을 파악할 수 있는 하나의 방법론이라 할 수 있다. 하지만 기본적으로 회차가 제시되는 고전 소설은 몇 작품 되지 않기 때문에, 디지털 감정 분석을 위해서는 작품의 서사 구조에 대한 인문학적 연구를 기반으로 서사 단위를 분절할 필요가 있다.

그런데 서사 구조라는 것은 연구자마다 상이한 기준에 따라 다르게 분석될 여지가 존재한다. 또한 서사 구조는 이야기의 큰 흐름에 해당하기 때문에 서사 단위별 감정 분석 역시도 작품을 세밀하게 이해하는 것에는 한계가 있다. 서사 단위별 감정 분석이라는 것도 결국은 하나의 이야기를 몇 개의 덩어리로 나누고, 각각의 덩어리에 나타난 감정을 출현 빈도나 비중의 합계 또는 평균으로 파악하는 것이기 때문이다. 즉 감정은 서사 구조의 한 단위 내에서도 흐름이 존재하기 때문에, 감정의 흐름을 보다 명확하게 이해하기 위해서는 분절 단위들을 보다 세분화해야 하는 것이다.

감정 패턴 분석을 통한 작품 연구

숲은 수많은 나무로 이루어져 있다. 너무 가까이 다가가 나무를 바라보면 숲 전체를 보기가 어렵고, 아주 멀리서 숲 전체를 본다면, 나무 하나하나를 알아보기가 어려워진다. 따라서 숲을 이해하기 위해서는 숲 전체를 조망하는 것도, 그 숲을 이루는 나무 하나하나를 파악하는 것도 모두 필요하다.

고전 소설 작품을 이러한 숲에 비유했을 때, 작품 전체의 감정 빈도 분석은 먼 거리에서 디지털카메라로 숲 전체를 담아내는 것에 비유할 수 있다. 이러한 방법은 숲 전체를 한눈에 볼 수 있다는 장점이 있지만, 숲 전체를 1장의 사진에 담아내기 위해서 아주 멀리서 사진을 찍어야 한다. 따라서 나무들의 구체적인 모습을 식별하기는 어려워진다.

작품을 회차별·서사 단위별로 분절하여 감정 빈도를 분석하는 것은 디지털카메라로 숲의 입구부터 출구까지 파노라마 사진을 찍는 것에 비유할 수 있다. 파노라마 사진은 숲 전체를 조망할 수 있으면서도 숲에 조금 더 가까이 다가갈 수 있기 때문에, 숲을 이루는 나무들의 모습을 보다 선명하게 볼 수 있다는 장점이 있다. 하지만 파노라마 사진이란 한 자리에서 찍은 여러 개의 사진을 이어 붙이는 방법이기 때문에 인간의 시야와 달리 일정 부분 왜곡이 존재할 수밖에 없다. 또 숲 전체를 담기 위해서는 여전히 나무 하나하나를 구체적으로 파악하는 것에는 한계가 있다.

그런데 숲에 더 가까이 다가가서 더 많은 사진을 찍어서 이어 붙인다면 어떨까? 만약 회차별·서사 단위별 감정 분석이 하나의 숲을 10개의 프레임으로 나눠 찍고 이어 붙인 것이라고 가정할 때, 같은 숲을 100개, 200개의 프레임으로 나눠 찍고 이어 붙인다면 어떨까? 그렇다면 나무 하나하나를 보다 자세하게 살필 수 있으면서 동시에 숲 전체도 조망할 수 있지 않을까? 감정 패턴 분석은 이렇게 숲 전체를 조망하면서도 나무 하나하나의 특징도 살피고자 하는 바람에서 출발하였다.

감정 패턴 분석은 서사의 분절 단위를 문장 단위로까지 미세하게 조정하여, 문장 단위에서 연속적으로 나타나는 감정들을 2, 3, 4, 5개 단위로 묶고, 각각 2패턴, 3패턴, 4패턴, 5패턴으로 분석하여, 문장과 문장으로 이어지는 감정의 연속성을 파악하는 방법이다. 이러한 감정 패턴 분석은 어떠한 감정이 작품에서 지속적으로 작동하고 있는지, 서사의 진행에 따른 감정의 흐름은 어떠한지를 파악할 수 있도록 해 준다.

표 3.8은 「구운몽」 전체에 나타난 감정의 패턴을 2패턴, 3패턴, 4패턴, 5패턴으로 분석하고, 각각의 감정 패턴별로 비중이 높은 상위 10개 패턴들을 순서대로 제시한 것이다. 기본적으로 「구운몽」은 중립, 기쁨, 슬픔의 감정이 주를 이루는 작품이다. 전체 감정을 100퍼센트라고 했을 때, 중립이 41.01퍼센트, 기쁨이 18.98퍼센트, 슬픔이 13.13퍼센트의 비중을 차지하고 있다. 따라서 감정 패턴별 비중 10순위 역시 모두 중립, 기쁨, 슬픔의 조합만으로 나타난다. 또한 중립이 가장 많은 감정 비중을 차지하고 있기 때문에, 감정 패턴의 비중 역시 중립 패턴

이 1순위로 나타난다.

그런데 기쁨과 슬픔을 포함한 감정 패턴은 패턴별로 두 가지 측면에서 서로 다른 양상을 보여 준다. 첫째, 2패턴은 기쁨의 패턴이 슬픔을 포함한 패턴보다 상위에 있는 반면, 3, 4, 5패턴은 슬픔의 패턴이 기쁨의 패턴보다 상위에 있다. 이는 2패턴 분석이 기본 감정 분석과 유사한 결과를 도출한다는 것이고, 3, 4, 5패턴은 기본 감정 분석과 차별되는 결과를 도출한다는 것을 의미한다. 둘째, 3, 4, 5패턴의 분석 결과는 전반적으로 유사한 감정들의 조합을 보여 주는데, 5패턴의 9, 10순위만은 3·4패턴과 상이한 결과를 보여 준다. 즉 5패턴 분석에서는 슬픔의 감정이 보다 주목되고 있는 것이다.

2패턴 분석과 3, 4, 5패턴 분석의 차이, 3, 4패턴 분석과 5패턴 분석의 차이는 감정의 지속력이라는 측면에서 발생하는 것으로 판단된다. 2패턴보다는 3, 4패턴이 감정의 지속력이 강하고, 3, 4패턴보다는 5패턴이 감정의 지속력이 강하기 때문에 나타나는 결과라는 것이다. 이는 작품에서 슬픔의 감정이 기쁨의 감정보다 지속력이 강하다는 것이고, 이러한 감정의 지속력은 작품의 서사 구조와 일정한 연관성을 지니는 것으로 판단할 수 있다.

감정 패턴과 서사 구조의 구체적인 연관성을 확인하기 위해서는 회차에 따른 감정 패턴의 양상을 살펴볼 필요가 있다. 그런데 각각의 패턴별로 회차에 따라 감정 패턴을 분석한 결과는 앞서 표 3,8과 유사한 양상을 보여 주었다. 즉 2패턴과 비교했을 때 3, 4, 5패턴이 유사한 결과를 보여 주었고, 5패턴은 또 3, 4패턴과 차별되는 결과를 보여

표 3.8. 작품 전체 감정 패턴별 비중 10순위.

순위	2패턴	감정 빈도	감정 강도	4패턴	감정 빈도	감정 강도
1	중립/중립	18.48%	0.000	중립/중립/중립/중립	3.87%	0.000
2	기쁨/기쁨	6.68%	3.323	슬픔/슬픔/슬픔/슬픔	1.81%	3.756
3	기쁨/중립	6.58%	1.566	기쁨/기쁨/기쁨/기쁨	1.17%	3.536
4	중립/기쁨	6.42%	1.541	기쁨/중립/중립/중립	1.16%	0.765
5	슬픔/슬픔	5.70%	3.455	중립/중립/중립/기쁨	1.09%	0.753
6	슬픔/중립	3.62%	1.528	중립/중립/기쁨/중립	0.98%	0.748
7	중립/슬픔	3.58%	1.493	중립/기쁨/중립/중립	0.97%	0.747
8	중립/신뢰	2.85%	1.635	기쁨/기쁨/기쁨/중립	0.84%	2.506
9	신뢰/중립	2.82%	1.653	기쁨/기쁨/중립/중립	0.83%	1.610
10	신뢰/기쁨	2.45%	3.432	중립/기쁨/기쁨/기쁨	0.77%	2.516

순위	3패턴	감정 빈도	감정 강도	5패턴	감정 빈도	감정 강도
1	중립/중립/중립	8.44%	0.000	중립/중립/중립/중립/중립	1.77%	0.000
2	슬픔/슬픔/슬픔	3.12%	3.629	슬픔/슬픔/슬픔/슬픔/슬픔	1.08%	3.860
3	기쁨/기쁨/기쁨	2.72%	3.417	기쁨/기쁨/기쁨/기쁨/기쁨	0.52%	3.665
4	기쁨/중립/중립	2.71%	1.027	기쁨/중립/중립/중립/중립	0.51%	0.607
5	중립/중립/기쁨	2.63%	1.013	중립/중립/중립/중립/기쁨	0.47%	0.596
6	중립/기쁨/중립	2.31%	1.009	중립/중립/중립/기쁨/중립	0.41%	0.595
7	기쁨/기쁨/중립	2.17%	2.191	중립/기쁨/중립/중립/중립	0.41%	0.594
8	중립/기쁨/기쁨	2.00%	2.163	중립/중립/기쁨/중립/중립	0.41%	0.591
9	기쁨/중립/기쁨	1.53%	2.162	슬픔/슬픔/슬픔/슬픔/중립	0.35%	2.967
10	중립/중립/슬픔	1.36%	0.973	중립/슬픔/슬픔/슬픔/슬픔	0.35%	2.865

준 것이다. 따라서 여기에서는 지면의 한계상 2패턴과 5패턴의 회차별 감정 패턴 상위 3순위를 제시하고 다음과 같이 2패턴과 3, 4, 5패턴의 차이, 3, 4패턴과 5패턴의 차이를 중심으로 그 의미를 살펴보았다.

표 3.9에서 회차별 감정 2패턴은 전반적으로 중립/중립 패턴이 가장 높고, 기쁨을 포함한 패턴이 그다음을 차지하는 것으로 나타난다. 그런데 15회차는 유독 기쁨/기쁨의 패턴이 가장 높게 나타나고, 7, 8, 12회차는 슬픔/슬픔 패턴이 기쁨을 포함한 패턴보다 높은 비중을 보여 준다. 이는 7, 8, 12, 15회차가 서사 전개의 중요한 포인트를 형성하는 지점임을 나타내는 것으로 파악할 수 있다. 여기에서 7회차의 슬픔 패턴은 궁녀가 된 진채봉이 양소유가 자신을 잊었다고 생각하는 감정이 중심이고, 8회차는 난양 공주와의 사혼 명령에 대한 정사도와 가춘운의 감정, 사혼 명령을 거부하는 내용의 상소문에 나타난 양소유의 감정이 중심이 된다. 다음으로 12회차의 슬픔 패턴은 홀로 계신 어머니를 떠올리는 양소유의 감정, 정경패가 죽였다고 속이는 정십삼랑과 가춘운의 감정, 정경패가 죽었다고 속는 양소유의 감정을 중심으로 형성된다. 마지막으로 15회차의 기쁨 패턴은 거의 모든 등장 인물들이 보여 주는 감정의 연속에서 찾아진다.

회차별 감정 3, 4, 5패턴 역시 중립 패턴의 비중이 가장 높고, 7회차에서 슬픔 패턴이 기쁨 패턴보다 비중이 높으며, 15회차에서 기쁨 패턴이 중립 패턴보다 비중이 높다는 점에서 2패턴과 공통된 양상을 보여 준다. 하지만 상대적으로 슬픔 중심 패턴의 비중이 높고, 8, 12회차에서는 중립 패턴보다 슬픔 패턴이 더욱 비중이 높게 나타난

표 3.9. 회차별 2패턴과 5패턴의 감정 비중 및 강도 상위 3.

감정패턴(2패턴)

회차	감정패턴(2패턴)	감정비중	감정강도
1	중립/중립	0.80%	0.00
	기쁨/기쁨	0.39%	2.60
	슬픔/슬픔	0.31%	2.97
2	중립/중립	1.01%	0.00
	기쁨/슬픔	0.40%	1.21
	슬픔/중립	0.37%	1.21
3	중립/중립	0.91%	0.00
	기쁨/기쁨	0.50%	1.39
	기쁨/중립	0.48%	1.42
4	중립/중립	1.49%	0.00
	기쁨/슬픔	0.32%	1.27
	중립/기쁨	0.31%	1.28
5	중립/중립	1.23%	0.00
	기쁨/중립	0.62%	3.16
	슬픔/중립	0.51%	1.59
6	중립/중립	1.41%	0.00
	기쁨/중립	0.75%	3.41
	중립/기쁨	0.60%	1.67
7	중립/중립	1.19%	0.00
	슬픔/슬픔	0.34%	3.37
	중립/슬픔	0.33%	1.61
8	중립/중립	1.12%	0.00
	기쁨/중립	1.10%	3.83
	슬픔/중립	0.33%	1.65
9	중립/중립	0.81%	0.00
	기쁨/기쁨	0.14%	1.60
	중립/기쁨	0.13%	1.55
10	중립/중립	1.39%	0.00
	기쁨/슬픔	0.35%	3.25
	슬픔/슬픔	0.31%	1.50
11	중립/중립	1.24%	0.00
	기쁨/기쁨	0.35%	1.53
	중립/기쁨	0.34%	1.50
12	중립/중립	1.22%	0.00
	기쁨/슬픔	0.91%	3.71
	중립/슬픔	0.39%	1.55
13	중립/중립	1.55%	0.00
	기쁨/중립	0.81%	3.61
	중립/슬픔	0.70%	3.64
14	중립/중립	1.70%	0.00
	중립/기쁨	0.62%	1.55
	기쁨/중립	0.61%	1.53
15	기쁨/기쁨	1.10%	3.77
	중립/중립	0.83%	0.00
	기쁨/중립	0.69%	1.75
16	중립/중립	0.54%	0.00
	기쁨/기쁨	0.26%	3.45
	기쁨/기쁨	0.24%	1.70

감정패턴(5패턴)

회차	감정패턴(5패턴)	감정비중	감정강도
1	중립/중립/중립/슬픔/슬픔	0.05%	0.00
	슬픔/기쁨/기쁨/기쁨/기쁨	0.03%	3.29
	기쁨/기쁨/기쁨/기쁨/기쁨	0.02%	2.51
2	중립/중립/중립/중립/중립	0.06%	0.00
	중립/중립/기쁨/중립/기쁨	0.02%	0.49
	중립/중립/중립/중립/기쁨	0.02%	0.51
3	중립/중립/중립/중립/중립	0.08%	0.00
	기쁨/중립/중립/중립/기쁨	0.04%	0.52
	기쁨/중립/기쁨/중립/중립	0.03%	0.53
4	중립/중립/중립/중립/중립	0.15%	0.00
	중립/기쁨/중립/기쁨/기쁨	0.04%	0.50
	중립/기쁨/중립/기쁨/중립	0.03%	0.53
5	중립/중립/중립/중립/중립	0.09%	0.00
	기쁨/중립/중립/기쁨/중립	0.05%	3.35
	기쁨/중립/기쁨/중립/중립	0.04%	2.90
6	중립/슬픔/중립/중립/중립	0.10%	0.00
	슬픔/중립/기쁨/기쁨/기쁨	0.07%	3.63
	중립/중립/중립/기쁨/기쁨	0.07%	3.56
7	중립/중립/중립/중립/중립	0.13%	0.00
	슬픔/슬픔/중립/슬픔/슬픔	0.05%	2.57
	슬픔/슬픔/중립/중립/슬픔	0.05%	2.76
8	*중립/슬픔/중립/중립/슬픔*	0.54%	4.03
	중립/중립/중립/중립/중립	0.12%	0.00
	슬픔/중립/중립/중립/중립	0.10%	3.17
9	중립/중립/중립/중립/중립	0.13%	0.00
	기쁨/기쁨/중립/중립/분노	0.01%	3.17
	중립/중립/중립/중립/기쁨	0.01%	0.60
10	중립/중립/중립/슬픔/슬픔	0.16%	0.00
	중립/중립/슬픔/슬픔/슬픔	0.06%	3.56
	중립/슬픔/슬픔/슬픔/중립	0.04%	0.59
11	중립/중립/중립/중립/중립	0.16%	0.00
	기쁨/중립/중립/중립/중립	0.05%	0.63
	중립/중립/중립/기쁨/기쁨	0.04%	0.58
12	*슬픔/슬픔/슬픔/슬픔/슬픔*	0.23%	3.81
	중립/중립/중립/중립/중립	0.12%	0.00
	중립/중립/중립/중립/슬픔	0.07%	3.11
13	중립/중립/중립/중립/중립	0.12%	0.00
	분노/중립/분노/분노/분노	0.10%	3.98
	슬픔/슬픔/중립/슬픔/슬픔	0.09%	4.07
14	중립/중립/중립/중립/기쁨	0.18%	0.00
	중립/중립/중립/중립/중립	0.06%	0.59
	중립/중립/중립/슬픔/중립	0.06%	0.62
15	기쁨/기쁨/기쁨/기쁨/기쁨	0.20%	4.10
	신뢰/기쁨/기쁨/기쁨/신뢰	0.11%	4.28
	기쁨/기쁨/기쁨/기쁨/신뢰	0.10%	4.48
16	중립/중립/중립/중립/중립	0.04%	0.00
	기쁨/중립/중립/중립/중립	0.02%	0.71
	기쁨/기쁨/중립/중립/중립	0.02%	1.40

*여기에서 '굵은 네모'(15회차)는 모든 패턴 분석에서 공통적으로 주목되는 회차를 표시한 것이고, '이탤릭체 밑줄'(8, 12회차)는 3,4,5패턴 분석에서 공통적 공통적의로 주목되는 회차를 표시한 것이며 '진하게'(1, 6, 13회차)는 5패턴 분석에서 주목되는 회차를 표시한 것이다.

다. 이는 3, 4, 5패턴에서 슬픔의 감정이 더욱 부각되고 있다는 것인데, 슬픔의 감정이 해당 회차의 중심적인 내용과 더욱 잘 연결된다는 점에서 2패턴보다는 명확하게 인물들의 감정을 포착하고 있다고 할 수 있다. 그런데 회차별 감정 5패턴은 3, 4패턴과는 또 다른 분석 결과를 보여 준다. 1, 6회차에서는 슬픔 패턴의 비중이, 13회차에서는 분노 패턴의 비중이 돌출되어 나타나는 것이다. 여기에서 1회차의 슬픔 패턴은 성진이 팔선녀를 만난 이후 번뇌할 때의 감정, 연화도량에서 쫓겨날 때의 감정을 중심으로 형성되고, 6회차의 슬픔 패턴은 장여랑(가춘운)을 잃었다고 생각하는 양소유의 감정, 사신으로 연에 가는 길에 계섬월을 만나지 못하고 느끼는 양소유의 감정, 양소유가 연에서 돌아오면서 다시 만나게 된 계섬월의 감정 등이 중심이 된다. 13회차의 분노는 양소유를 속이기 위해 영양 공주(정경패)가 양소유에게 보낸 전언의 감정, 그리고 부인들에게 속았다는 것을 안 양소유의 감정이 중심이 된다. 이를 통해 볼 때 감정 5패턴 분석은 다른 패턴 분석보다 인물들의 구체적인 감정을 포착하고 있음을 알 수 있다.

이상의 분석 결과를 종합했을 때, 「구운몽」은 슬픔의 감정이 기쁨의 감정보다 지속력이 강한 작품으로 파악할 수 있다. 지속력이 강한 슬픔의 감정 패턴들은 작품의 서사 구조와 긴밀하게 연관되어 있다. 슬픔의 감정 패턴은 한순간의 번뇌로 연화봉에서 지상 세계로 적강(謫降)하는 서사의 변곡점(1회차), 진채봉의 재등장(7회차)과 난양 공주와의 사혼 명령이라는 서사의 변곡점(8회차), 가춘운, 적경홍, 정경패

등이 양소유를 속이는 과정의 정점(6, 12회차) 등에서 형성되고 있기 때문이다. 즉 지속력이 강한 슬픔 패턴은 서사의 변곡점으로 이해되는 회차들에서 돌출되고 있는 것이다. 이는 「구운몽」이 "액자 구조와 속임수를 통해 남주인공의 욕망을 한껏 추구"[53]할 수 있었던 작품으로 파악되는 것과 관련된다. 슬픔의 감정 패턴이 돌출되는 지점은 '성진-양소유-성진'의 환몽(幻夢) 구조, 남녀 주인공들의 속고 속이기 등의 작품 구조와 긴밀하게 연관되는 회차들이기 때문이다.

감정의 지속력과 서사 구조와의 연관성은 기쁨, 분노 등의 감정이 높은 강도로 돌출되는 5, 13, 15회차의 의미를 함께 고려할 때 더욱 분명해진다. 5, 13, 15회차의 감정들 역시 해당 회차에서 지속적으로 나타나는 감정들이기 때문이다. 여기에서 5회차의 기쁨 패턴은 양소유가 여장을 하고 정경패를 속이는 지점에서 나타나는 감정이고, 13회차의 분노 패턴은 여인들에게 자신이 속았다는 것을 알게 된 양소유의 감정이 드러나는 감정이며, 15회차 기쁨 패턴은 욕망의 완전한 실현으로 꿈속 서사가 종료되는 지점에서 드러나는 감정으로 이해할 수 있다. 즉 감정이 지속력을 확인할 수 있는 회차들이 모두 액자 구조, 남녀 주인공들의 속고 속이기 등 작품의 서사 구조와 긴밀하게 연결되어 있는 것이다.

이러한 점은 감정의 지속력이 구체적인 인물들의 감정을 포착하고, 작품의 서사 구조를 이해할 수 있는 요소가 될 수 있음을 나타낸다. 이러한 감정의 지속력은 감정 분석이라는 디지털 분석 방법의 실효성을 입증해 주는 것이라고 판단된다. 즉 감정의 지속력은 텍스

트에 대한 독자들의 수용적 감상 및 인문학의 직관적 내용 분석과
컴퓨터를 활용한 디지털 기계 분석이 연결될 단초가 될 수 있는 것
이다.

4장

에필로그: AI라는 범을
어떻게 다룰 것인가?

지금까지 고전 문학 전공자인 강우규와 디지털 인문학 전공자인 김바로가 인공 지능과 인문학을 융합하여 진행한 다양한 연구에 대해 살펴보았다. 그런데 연구 결과를 중심으로 이야기를 진행하다 보니 그 과정에서 있었던 수많은 악전고투가 드러나지 않았다는 아쉬움이 남았다.

연구 결과는 연구라는 첩첩산중을 구르고 넘어지고 좌절하는 수많은 과정에서 건진 아름다운 풍광이다. 그렇기에 연구 과정 대부분은 아름답지 않지만 그 결과로 인해 미화되고는 한다. 따라서 매끄러운 결과가 아닌 날것 그대로의 연구 과정을 보여 주는 것이 고전 문학과 디지털 인문학 융합 연구의 실제적 모습을 이해하는 데 보다 도움이 될 수 있다고 생각했다.

그래서 진솔한 대담 형식으로 고전 문학과 디지털 인문학의 융합에서의 발생하는 현실적인 어려움이 무엇이고 이를 극복할 방안이 무엇인지에 대해 미래지향적인 관점에서 이야기해 보았다.

융합 연구를 시작하며

김바로: 지금까지 디지털 기술과 고전 문학의 융합 연구를 소개해 드렸습니다. 이번 챕터에서는 대화 형식을 빌려서 조금은 자유롭게 융합 연구에 대한 다양한 측면의 이야기를 진행하겠습니다.

강우규: 잘 부탁드립니다.

김바로: 저희가 고전 문학 작품을 분석하기 위해 사용한 디지털 방법론을 살펴보면 정말 다채롭다고 할 수 있습니다. 형태소 분석, 계층 분석, 감정 분석, 사회 네트워크 분석, 딥러닝 분석 등이 있었군요. 저희의 연구 질문에 따라서 디지털 분석 방법을 선택했었는데요. 그중에서 가장 재미있었던 방법론은 무엇인가요?

강우규: 저는 「소현성록」 연작을 대상으로 했던 계층 분석이 제일 재미있었던 것 같아요. 「소현성록」 연작은 전후편의 작자 동일성 여부에 대한 논쟁이 있는 작품인데, 계층 분석을 통해서 보다 객관적인 근거를 가지고 제 생각을 개진할 수 있어서 좋았어요. 제가 논리적으로 생각했던 견해와 딱 맞아 떨어지는 분석 결과가 나와서 더 좋았던 것 같아요.

김바로: 저희가 융합 연구의 주제를 선택할 때는 크게 두 가지 경우가 있었습니다. 하나는 기존 인문학에서 논란이 되는 연구 주제를 중심으로 이를 해결하기 위한 디지털 분석을 수행하는 경우이고, 또

다른 하나는 괜찮은 디지털 분석 기법을 적용하기 위해서 인문학 연구 주제를 탐색하는 경우였습니다. 인문학자의 입장에서 각각의 경우에서의 연구 경험은 어떠셨나요?

강우규: 사실 디지털 분석 기술을 활용한 모든 연구가 저에게는 새로운 도전들이었죠. 주제를 선택하는 두 가지 경우도 사실은 제가 디지털 분석 기술에 익숙해지는 과정이 아니었을까 생각해요. 처음 디지털 분석 기술에 대해 전혀 모르고 있을 때는 정말 막연한 기대감만 가지고 있었죠. 그래서 인문학적으로 논란이 있는 연구 주제들을 디지털 분석 기술을 통해 해소해 보려는 방향으로 연구를 진행했던 것 같아요. 그때 연구 시작 단계에서 김바로 선생님께 매번 드리던 질문이 아마 "이게 가능할까요?"였던 것 같아요. 이후 몇 번의 융합 연구를 바탕으로 디지털 기술에 어느 정도 익숙해지면서 또 어떤 새로운 것을 해 볼 수 있을까 하는 설렘을 가지고 괜찮은 디지털 분석 기법을 고전 문학 연구에 적용해 보는 시도를 해 볼 수 있었죠. 이때는 조금 익숙해졌다고 김바로 선생님께 "이렇게 분석해 볼 수 있지 않을까요?"라고 질문했었죠. 하지만 디지털 분석 기술을 활용한 융합 연구는 저에게 있어서 여전히 새롭고 도전해야 할 분야인 것 같아요.

강우규: 디지털 인문학자의 입장에서 김바로 선생님은 고전 문학 연구자와 융합 연구를 진행한 소감은 어떤가요?

김바로: 저는 고전 문학이라는 생소한 영역에 다양하고 새로운 디지털 분석 기술들을 도전적으로 적용해 본 것이 좋았습니다. 하지만 연구 결과를 가지고 고전 문학자들이 가득한 학술 대회에 가면 외계

인이 된 듯했습니다. 아직까지 기존 인문학 연구자 입장에서 디지털 인문학은 괴이한 연구 방법론으로 인식되는 것 같더라고요. 앞으로 디지털 방법론을 통한 인문학 연구에 대한 인식은 어떻게 될까요?

강우규: 저도 마찬가지였죠. 주변 연구자들은 저희의 융합 연구를 신기해하면서도 "그걸 왜 하는데?"라는 질문을 많이 했었습니다. 아직까지 인문학 분야에서 융합 연구는 신기하지만 잘 이해되지 않는 생소한 연구로 인식되는 것 같아요. 그렇다고 융합 연구의 미래가 어둡다고 생각하지는 않아요. 융합 연구가 필요하다는 것은 너무나 당연한 사실이기에, 저희 같은 연구자들이 계속해서 융합 연구를 진행하고, 디지털 문해력을 갖춘 학문 후속 세대들이 연구를 이어 간다면 융합 연구가 하나의 전공 분야로 자리 잡을 수 있지 않을까요?

융합 연구의 어려움

김바로: 돌이켜보니 저희가 중앙대학교 HK+인공지능인문학사업단에서 HK 연구 교수로 같이 2년 6개월을 있으면서 무려 9편의 공동 논문을 집필했더군요. 저희 둘이 찰떡궁합인 면도 있겠지만, 사업단의 공동 연구 진행 정책도 한몫한 듯합니다. 기존 연구에서 벗어나 융합 연구를 하려면, 융합 연구에 대한 장려와 압박이 어느 정도는 필요한 것 같습니다. 이에 대해서 어떻게 생각하시나요?

강우규: 저는 융합 연구에 대한 인식 및 제도 개선이 필요할 것 같아요. 기본적으로 인문학은 사유와 성찰을 특징으로 하기 때문에 개

인 연구가 대부분이었죠. 하지만 인공 지능 시대라고 불리는 현재 사회에서 인문학자들도 융합 연구가 필요하다는 것은 인식하고 있습니다. 다만 선뜻 내키지가 않는 거죠.

김바로: HK+사업단에서는 공동 연구도 각각의 연구 성과로 잡아 주었죠. 물론 50퍼센트만 인정했어도 저희 연구량이면 각각의 목표량은 충분히 채우고도 남았지만, 그런데도 성과로 100퍼센트 인정해 주었기에 힘이 났던 것도 사실이죠. 그런데 인문학자들이 융합 연구를 좋아하지 않는 본질적인 이유가 뭘까요?

강우규: 다양한 이유가 있겠지만, 제 생각에는 대학들의 '업적 평가'가 가장 큰 이유인 것 같아요. 한국연구재단은 공동 연구 장려를 위해 제1저자와 교신 저자 모두에게 편당 100점의 업적을 평가하지만, 정작 대학들은 70점 내외로 업적을 평가하거든요. 여기에는 융합 연구를 공동 연구와 동일하게 여기고, 공동 연구가 개인 연구보다 시간과 노력이 덜 든다는 인식이 작용한 것 같아요. 그런데 김바로 선생님은 저와 융합 연구를 진행하면서 개인 연구보다 시간이나 노력이 덜 들던가요?

김바로: 솔직히 개인 연구가 편합니다. 융합 연구는 기존의 독립적인 학문 분과들을 통섭(統攝)해야 하기에 신경 써야 할 것이 너무 많습니다.

강우규: 저도 융합 연구를 진행하면서 개인 연구보다 더 많은 역량을 들이면 들였지 덜 하지는 않았다고 생각하거든요. 디지털 분석 기술로 무엇을 할 수 있는지, 디지털 분석을 위해서는 무엇이 필요한

지, 분석 결과는 어떻게 해석해야 하는지 등 정말 생소한 것들을 알아 간다는 것이 쉽지만은 않았어요. 그리고 생소한 디지털 기술을 익숙한 고전 문학과 연결하고, 그것을 다시 고전 문학자들이 이해할 수 있도록 설명하는 것은 또 다른 어려움이었죠. 김바로 선생님은 공동 연구의 경험이 많으시겠지만 고전 문학 전공자와 융합 연구를 진행하면서 어려움은 없었나요?

김바로: 크게 두 가지가 어려웠습니다. 하나는 분석을 위한 인문 데이터를 만드는 것이고, 다른 하나는 분석 결과를 이해할 수 있도록 설명하는 것입니다. 기존 인문학자 입장에서는 생소한 방법론이기에 그 분석 결과도 이해하기가 어렵습니다. 분석 결과를 이해하지 못하면 의미를 부여하는 해석도 당연히 불가능하죠. 다만 분석 방법론에 대한 이해 문제는 충분히 설명하면 해결됩니다. 비록 새로운 방법론으로 접근하지만, 해당 인문 텍스트는 자체는 평생을 보아 온 것이니까요. 분석을 위한 인문 데이터 구축이 더 큰 문제입니다. 디지털 분석을 위해서는 분석을 위한 데이터 스키마(data schema)가 구축이 되어야 하는데, 대부분의 인문학자는 PDF나 HWP 파일만 있으면 '컴퓨터가 알아서 해 줄 것'이라고 생각하니까요. 강우규 선생님도 아시다시피 현실은 결코 그렇지 않죠.

강우규: 예. 처음으로 진행한 융합 연구에서 「소현성록」 연작의 데이터를 만들면서 좌절했던 기억이 떠오르네요. 제가 잘 아는 작품임에도 불구하고, 기존과는 다른 방식으로 구조화해서 상당히 어색했었습니다.

AI가 내려온다

김바로: 그래도 나중에는 어떤 데이터를 만들면 어떻게 나오는지 아셔서 저한테 먼저 데이터 스키마를 제안하시기도 하셨죠. 문제는 그렇게 되기까지 디지털 분석 연구를 몇 번이나 수행해 봐야 한다는 거죠. 하지만 방법론적인 문제는 연구자 개인의 노력과 시간이 해결해 줄 겁니다.

강우규: 그렇죠. 본질적인 문제는 논문을 양적으로 평가하는 현재 시스템에서는 융합 연구도 일반적인 공동 연구랑 똑같이 70점 내외로 평가를 받는다는 것이죠.

김바로: 개인 연구 1편이 융합 연구 1편보다 더 높은 점수를 받는다는 거네요.

강우규: 그렇습니다. 그렇다 보니 힘은 힘대로 들이면서 제대로 평가받지 못하는 융합 연구보다 익숙한 개인 연구를 더 선호할 수밖에 없다는 것이지요. 따라서 융합 연구를 장려하기 위해서는 일단 융합 연구가 일반적인 공동 연구와는 다르다는 제도권의 인식 개선이 필요하다고 생각해요. 일반적인 공동 연구가 동일 전공자들이 나눠서 하는 연구라면, 융합 연구는 서로 전혀 다른 전공의 연구자들이 함께 도전하는 연구라는 것이죠. 이러한 인식의 개선과 함께 융합 연구를 제대로 평가해 줄 수 있는 제도의 개선이 이루어진다면, 융합 연구는 보다 활성화될 수 있을 것 같아요.

원거리 읽기와 근거리 읽기의 융합

김바로: 디지털 분석 방법으로 문학 작품을 읽는 것을 숲을 보는 연구라는 의미에서 '원거리 읽기'라고는 합니다. 원거리 읽기는 기존의 인문학 연구에서는 처리하기 어려웠던 방대한 양에 대해서 빠르게 접근할 수 있는 장점이 분명히 있습니다. 하지만 손쉽게 숲을 보다가 나무를 놓치는 잘못을 범할 수 있다는 생각이 떠오릅니다. 그렇다면 기존 인문학자 입장에서 디지털 방법론을 문학 작품에 적용했을 때 발생할 수 있는 문제점이나 주의점은 무엇이라고 생각하시나요?

강우규: 인문학적으로 대답해 보자면 "왜?", "그래서?"라는 질문이 필요하다고 생각해요. 원거리 읽기는 숲 전체가 어떻게 이루어져 있는지 보여 줄 수는 있어요. 몇 종류의 나무가 몇 그루씩 있는지 보여 주는 것이죠. 하지만 이것만으로 숲을 이해했다고 할 수 있을까요? 숲의 어떤 나무는 아주 곧고 커다랗게 자라 있을 수 있고, 어떤 나무는 구부정하고 아주 작을 수 있죠. 또 그 숲에는 남녀가 만나 부부가 되듯이 두 나무가 하나로 이어진 연리지(連理枝)가 있을 수도 있죠.

김바로: 숲에는 다양한 나무들이 각자의 의미를 지니며 존재하고 있다는 것이군요. 원거리 읽기는 그러한 나무들의 의미를 파악할 수 없다는 것이고요.

강우규: 네. 그래서 인문학자들은 다양한 나무 하나하나를 바라보는 '근거리 읽기'를 통해서 왜 그럴까, 그래서 어떤 의미가 있을까 고민할 필요가 있다고 생각해요. 하지만 너무 나무 하나하나만을 보다

가는 숲 전체를 보지 못하는 잘못을 범할 수도 있어요. 그렇기 때문에 근거리 읽기를 통해서 나무 하나하나의 아름다움을 밝히는 작업과 함께 '원거리 읽기'를 통해서 나무들 사이의 관계, 나아가 나무들이 모인 숲이 갖는 가치를 다양한 시각에서 탐구하는 노력이 필요할 것 같아요.

김바로: 그렇다면 이상적으로는 근거리 읽기와 원거리 읽기를 융합하는 것이 가장 좋을 텐데, 현실적으로 어떤 어려움이 존재할까요? 그리고 근거리 읽기와 원거리 읽기의 융합을 위해서 인문학자들은 무엇을 준비해야 할까요?

강우규: 가장 기본적으로는 인문학자들이 디지털 분석 기술에 대한 막연한 두려움과 거부감을 떨쳐 내는 것이 아닐까요? 익숙함에 안주하지 말고, 새로운 것에 도전해 보는 용기가 필요하다는 것이죠. 하지만 근거리 읽기에 익숙한 인문학자의 노력만으로는 융합 연구가 어렵다고 생각해요. 디지털 분석과 관련한 기존의 참고 도서들은 대부분 공학적이라서, 인문학자들이 접근하기가 쉽지 않기 때문이죠. 따라서 원거리 읽기에 익숙한 IT 전문가와의 협업이 필요한데 그것도 쉽지는 않은 것 같아요. 저희만 해도 HK+인공지능인문학사업단에 함께 있었기 때문에 가능했던 거잖아요. 디지털 인문학 전문가 입장에서는 이 문제에 대해서 어떻게 생각하세요?

김바로: 가장 비관적인 대답은 시간이 해결해 줄 것이라는 것입니다. 결국 시간이 지날수록 디지털 문해력이 뛰어난 신진들이 더 많이 등장할 것은 분명해 보이니까요. 그리고 조금은 희망적인 대답은

해외 디지털 인문학에서 자주 보이는 워크숍 혹은 계절 학교의 활성화라고 생각합니다. 사실 한국에서도 다양한 디지털 기술과 인문학을 융합하는 방법에 대한 다양한 마당이 마련되고 있고, 석, 박사 학생뿐만이 아니라 현직 교수들도 활발하게 공부를 하고 있습니다. 하지만 이는 결국 개인의 노력이며 시스템적인 해결이라고 할 수는 없습니다. 시스템적인 해결 방안으로는 인문학 박사 연구자에게 이공계 학위 과정을, 이공계 박사 연구자에게 인문계 학위 과정을 밟도록 하는 지원 정책이 있다면 말 그대로 융합 인재가 만들어질 수 있겠지요. 하지만 쉽지는 않을 듯합니다.

강우규: 그리고 융합 연구를 진행할 때 실질적인 문제는 인문학자들이 원거리 읽기인 디지털 분석 결과를 이해하고 해석하기가 어렵다는 점이 아닐까 해요. 통계를 통해 도표나 그림으로 보이는 분석 결과를 인문학적 주제와 연결해 해석하는 게 쉽지는 않더군요. 이 책의 목적이기도 하지만 인문학의 어떤 주제에 어떠한 디지털 분석 기술을 활용할 수 있는지를 인문학자들도 쉽게 이해할 수 있는 참고 자료들이 더 많이 필요할 것 같아요.

김바로: 그래서 국내외에서 인문학자를 위한 다양한 툴(tool)들이 개발되고 있습니다. 하지만 이런 툴들은 다양한 제약이 있어서 연구자가 원하는 연구를 위해서는 결국 제대로 된 디지털 분석을 배워야 할 수밖에 없습니다. 혹은 유튜브 등을 활용해서 인문학자를 위한 디지털 분석을 소개하는 것도 방법이죠. 저도 그런 동영상을 만들고는 싶은데 현실에 치여서 꿈만 꾸고 있습니다.

강우규: 확실히 쉽지 않죠.

융합 연구의 미래는 인문 데이터 구축에서부터

김바로: 사실 저희가 기획한 연구 주제가 상당히 많았죠? (웃음) 하지만 많은 연구 주제를 포기해야 했습니다. 그런데 포기한 연구 주제의 대부분이 인문학적 연구 부족이나 디지털 분석 기술의 미비 때문이 아니었습니다. 대부분은 대상 데이터를 확보하기 어렵기 때문이었습니다. 이는 인문 데이터의 공유가 잘 이루어지지 않았기 때문이었습니다. 그리고 그 근본 원인은 문헌의 독점으로 얻었던 문헌 권력이 데이터 권력으로 전환된 것에 있다고 볼 수 있습니다. 하지만 개인의 노력으로 구축한 인문 데이터를 아무런 대가 없이 공개하는 것도 좋게만 볼 수는 없습니다. 어떻게 하면 좋을까요?

강우규: 일단 인문 데이터를 아무런 대가 없이 공개하는 것은 연구자 개인의 노력을 너무 무시하는 처사라고 생각합니다. 고전 문학 데이터는 연구자 개인이 연구를 위해 중세 국어로 되어 있는 원본의 글자들을 하나하나 해독해서 HWP 파일로 작성한 것들인데 그 과정에는 상당한 노력이 들어갑니다. 따라서 연구자 개인이 만든 고전 문학 데이터에는 일종의 저작권이 포함되어 있다고 생각해요.

김바로: 그럼 연구자 개인에게 저작권료를 지불하고 인문 데이터를 구축해야 한다고 생각하는 건가요?

강우규: 꼭 그렇지는 않습니다. 연구자들이 반드시 돈 때문에 데이

터를 공개하지 않는다고는 볼 수 없거든요. 제 개인적인 생각으로는 또 다른 문제가 있다고 생각해요.

김바로: 인문 데이터 공개와 관련하여 또 다른 문제가 있다는 것인데, 어떤 문제일까요?

강우규: 그건 연구자들 스스로가 자신의 데이터에 만족하지 못하기 때문이라고 생각합니다. 즉 자신의 이름을 걸고 데이터를 공개했을 때 부끄럽지 않을 자신이 없다는 것이지요.

김바로: 그럼 인문 데이터 공유를 위해서 어떠한 해결 방안이 있을까요?

강우규: 제 생각을 이야기하자면 기본적으로 연구자 개인 차원에서 인문 데이터 공유가 융합 연구의 활성화, 나아가 학문 발전에 도움이 된다는 것을 인식하고 자발적으로 참여할 필요가 있다고 생각합니다. 이와 함께 정책적 차원에서 인문 데이터를 구축하는 기초 연구 사업을 지속적으로 확대 운영할 필요가 있을 것 같아요. 이러한 사업을 통해 연구자 개인의 노력에 대한 적절한 보상과 함께 인문 데이터들의 완성도를 보완하여 공개할 수 있도록 한다면, 인문 데이터 공유의 활성화가 점차 이루어질 수 있지 않을까 합니다.

김바로: 이상으로 고전 문학과 디지털 인문학 융합 연구에 대한 대담을 마치도록 하겠습니다. 강우규 선생님 고생하셨습니다.

강우규: 김바로 선생님도 고생하셨습니다. 그럼 새로운 융합 연구 주제가 떠오르면 다시 봐요.

후주

1   찰스 샌더스 퍼스(Charles Sanders Peirce)는 기호를 대상체, 표상체와 해석체의 3항 관계로 설명한다. 실재하는 대상인 대상체(object), 대상체를 도상적, 지표적, 상징적으로 나타내는 표상체(sign), 그리고 표상체들이 만들어 내는 개념이나 의미로서 해석체(interpretant)가 그것이다. 여기에서 표상체와 해석체의 개념은 퍼스의 이론을 따르지만, 언어 분석이라는 측면에서 소쉬르의 기표와 기의 개념으로 보아도 무방하다.

2   고고천변(皐皐天邊)은「수궁가」중 별주부가 토끼의 간을 구하려고 육지로 가는 도중 눈 앞에 펼쳐진 아름다운 해상과 산천의 경치를 읊은 소리 대목이다.

3   최운호, 김동건,「군집 분석 기법을 이용한 텍스트 계통 분석: 수궁가 '고고천변' 대목을 대상으로」,《인문논총》62, 서울대학교 인문학연구원, 2009년, 203~229쪽.

4   십장가는 판소리「춘향가」중 수청을 거부한 춘향이 변학도의 태형을 당하면서 1부터 10까지의 숫자를 두운으로 사용하여 자신의 정절을 주장하고, 수청 강요의 부당성을 폭로하며, 신관의 문제점을 지적하는 대목이다.

5   최운호, 김동건,「「춘향가」서두 단락의 어휘 사용 유사도를 이용한 판본 계통 분류 연구」,《한국정보기술학회논문지》10-4, 한국정보기술학회, 2012년, 111~117쪽; 최운호, 김동건,「'십장가' 대목의 어휘 사용 유사도와 계층적 군집 분석 방법을 이용한 판본 계통 분류 연구」,《한국정보기술학회논문지》10-5, 한국정보기술학회, 2012년, 133~138쪽.

6   최운호, 김동건,「컴퓨터 문헌 분석 기법을 활용한「토끼전」이본 연구」,《우리문학연

구》58, 우리문학회, 2018년, 123~154쪽.

7   송성욱, 「17세기 소설사의 한 국면」, 《한국고전연구》8, 한국고전연구학회, 2003년, 241쪽.

8   정길수, 『한국 고전 장편 소설의 형성 과정』(돌베개, 2005년), 25~26쪽.

9   서혜은, 「경판 방각 소설의 대중성과 사회 의식 연구」, 경북대학교 박사 학위 논문, 2008년, 11쪽.

10   박영희, 「「蘇賢聖錄」 連作 研究」, 이화 여자 대학교 박사 학위 논문, 1993년.

11   임치균, 『조선조 대장편 소설 연구』(태학사, 1996년).

12   최길용, 「연작형 고소설 연구」, 전북대학교 박사 학위 논문, 1989년.

13   정병설, 「장편 대하 소설과 가족사 서술의 연관 및 그 의미」, 《고전 문학연구》12, 한국고전문학회, 1997년.

14   정길수, 앞의 책, 178~186쪽.

15   조혜란, 「「소현성록」 연작의 서술과 서사적 지향에 대한 연구」, 《한국고전연구》13, 한국고전연구학회, 2006년.

16   정선희, 「「소현성록」 연작의 남성 인물 고찰」, 《한국고전연구》12, 한국고전연구학회, 2005년.

17   박영희, 앞의 글, 7~28쪽.

18   노정은, 「「소현성록」의 인물 형상화 변이 양상: 이대본과 서울대 21권본을 중심으로」, 고려대학교 석사 학위 논문, 2004년, 29쪽.

19   이주영, 「「소현성록」 인물 형상의 변화와 의미: 규장각 소장 21권본을 중심으로」, 《국어교육》98권, 한국어교육학회, 1998년, 345~367쪽.

20   노정은, 앞의 글, 84쪽.

21   정대혁, 「「자운가」 연구: 「소현성록」과의 상호 텍스트성을 중심으로」, 《열상고전연구》37, 열상고전연구회, 2013년, 137~176쪽.

22   허순우, 「「현몽쌍룡기」 연작의 「소현성록」 연작 수용 양상과 서술 시각」, 《한국고전연구》17, 한국고전연구학회, 2008년, 327~328쪽; 임치균, 앞의 책, 87쪽.

23   서정민, 「「소현성록」 이본 간의 변별적 특징과 그 산출 시기」, 《인문학연구》101, 충남대학교 인문과학연구소, 2015년, 503쪽.

24   서정민, 앞의 글, 493~512쪽.

25   서혜은, 「경판 방각 소설의 대중성과 사회 의식 연구」, 경북대학교 박사 학위 논문, 2008년, 11쪽.

26   안기수, 「영웅 소설(英雄小說)의 구성원리(構成原理)와 욕망(慾望)의 양상(樣相)」, 《국어국문학》117, 국어국문학회, 1996년, 253~279쪽.

27   전이정, 「여성 영웅 소설 연구」, 서울대학교 박사 학위 논문, 2009년.

28   조동일, 황패강 외, 『한국 고소설의 이해』(박이정, 2008년), 47~52쪽.

29   김용기, 「왕조 교체형 영웅 소설의 왕조 교체 방식 연구」, 《국어국문학》153, 국어국 문학회, 2009년, 105~134쪽.

30   김준형, 「방각 소설 「장풍운전」의 형성과 전개」, 《古小說研究》43, 한국고소설학회, 2017년, 20쪽.

31   류준경, 「영웅 소설의 장르 관습과 여성 영웅 소설」, 《古小說研究》12, 한국고소설학 회, 2001년, 29쪽.

32   박일용, 「영웅 소설 유형 변이의 사회적 의미」, 『근대 문학의 형성과정』(한국고전문학 회, 1983년), 187~206쪽.

33   경일남, 「고전 소설에 수용된 숙향의 형상과 문학적 의미」, 《어문연구》82, 어문연구 학회, 2014년, 53~74쪽.

34   이상구, 「후대소설에 미친 「숙향전」의 영향과 소설사적 의의」, 《고전과 해석》24, 고 전문학한문문학연구학회, 2018년, 149~201쪽.

35   박영희, 앞의 글, 98쪽.

36   임치균, 앞의 책, 79~90쪽.

37   정혜경, 「조선 후기 장편 소설의 감정의 미학」, 고려대학교 박사 학위 논문, 2013년, 1 쪽.

38   강상순, 「「구운몽」에 형상화된 남녀 관계의 소설사적 계보와 역사적 성격」, 《우리 어문연구》32, 우리어문학회, 2008년, 185~228쪽.

39   강우규, 「삼대록계 국문 장편 소설 연구」, 중앙대학교 박사 학위 논문, 2013년.

40   정선희, 「가부장제하 여성으로서의 삶과 좌절되는 행복: 「소현성록」의 화 부인을 중 심으로」, 《동방학》20, 한서대학교 동양 고전 연구소, 2011년, 57~84쪽.

41   전성운, 「「九雲夢」의 인물 형상과 소설사적 의미」, 《한국문학이론과 비평》12, 한국 문학이론과 비평학회, 2001년, 284~307쪽..

42   이상현, 「동양 異文化의 표상 一夫多妻(polygamy)를 둘러싼 근대 「구운몽」 읽기의 세 국면: 스콧(Elspet Robertson Keith Scott), 게일(James Scarth Gale), 김태준의 「구운몽」 읽기」, 《동아시아고대학》15, 동아시아고대학회, 2007년, 396쪽.

43   정병설, 「주제 파악의 방법과 「구운몽」 주제」, 《한국문화》64, 서울대학교 규장각한

국학연구원, 2013년, 317~322, 333쪽.

44   박대복, 「고소설에 수용된 민간 신앙 연구」, 중앙대학교 박사 학위 논문, 1990년,
      152쪽.

45   송성욱, 『조선 시대 대하소설의 서사문법과 창작의식』(태학사, 2003년), 27~29쪽.

46   백순철, 「「소현성록」의 여성들」,《여성문학연구》1, 한국여성문학학회, 1999년, 135
      쪽.

47   정선희, 앞의 글, 59쪽.

48   정혜경, 앞의 글, 150쪽.

49   정혜경, 앞의 글, 104~105쪽.

50   정혜경, 앞의 글, 46~47쪽.

51   김문희, 「국문 장편 소설의 중층적 서술 의식 연구」,《한국고전여성문학연구》19, 한
      국고전여성문학회, 2009년, 126~127쪽.

52   강우규, 「「유효공선행록」 계후갈등의 서술 전략과 의미」,《語文論集》57, 중앙어문
      학회, 2014년, 50쪽.

53   엄태식, 「금기시된 욕망과 속임수: 애정 소설과 한문 풍자 소설의 소설사적 관련 양
      상」,《문학치료연구》52, 한국문학치료학회, 2015년, 35~70쪽.

찾아보기

가

가문 소설 22, 145

가부장제 136, 148

가정 소설 41~44, 73, 75~76, 79, 81~82

감정 110~114, 118, 120, 122~123, 127, 129, 136, 137, 139~142, 144~150, 152, 156~157

감정 데이터 96~97, 105~107, 109, 112

감정 분석 102, 158, 160

감정 사전 95~97, 100, 102

감정 연구 110

감정 지수 20~21

감정 출현 빈도 137, 142, 145~147

감정 패턴 109~110, 152, 154, 156~157

감정 패턴 분석 109, 150~151

감정 표출 빈도의 평균치 120

감정 표출 빈도의 합계치 119

감정의 지속력 157~158

결연 132

경판 방각본 29, 39~42, 75, 83

계량적 문체 27, 34, 50, 55, 60, 66, 68, 82~84, 87

계층 분석 30, 33~34, 50, 52, 54~55, 57~58, 60, 63, 65~69, 71~72, 160

계층적 군집 분석 18

계통 분석 19

고고천변 대목 17

고도서 72

『고소설론』 73

고전 문학 14~16, 18, 21~22, 96~98, 105, 159~161, 164, 169

공기어 21

공동 연구 165

공시적 분류 73

과적합 46

구글 번역기 104

「구운몽」 22, 25, 98, 106~107, 109, 112~114, 122~123, 125, 127, 129, 131, 151, 156

국문 장편 소설 25, 34, 55, 59, 72~73, 111, 132, 138, 143, 146~148

군집 분석 18

군집화 46

권섭 48, 51, 58, 69

근거리 읽기 166~167

근접 거리 33

「금방울전」 83,89,90,92~93

「금선각」 91

기계 번역 100

기본 감정별 비중 125

기본 감정별 출현 양상 112,122

기자치성 133

김동건 17

김병선 27

「김원전」 92~93

김준영 73

「김진옥전」 93

나

「남윤전」 93

넥스트 렘브란트 12

다

단위담 34,36,38,52,54~57,61~65,69,
98~102,105,119,121,132~133,137,
139~140,142~148

단위담별 감정 분석 143

「담낭전」 93

대장편 소설 22

대하 소설 22,47

대화문 114,116

데이터 스키마 164~165

데이터 정제 100

독백 114,116

「두껍전」 93

드롭아웃 45~46,76

디지털 감정 분석 20,95~97,111~112,132,
144

디지털 감정 사전 20~21,141

디지털 계층 분석 34

디지털 문체 분석 27,72

디지털 문해력 12~13,162,167

디지털 방법론 13~15

디지털 분석 13,15~16,20,98,160~161,163,

165~169

디지털 언어 분석 16~22,30

디지털 인문학 15,159,162

딥러닝 11,21,29,39~40,42~46,74~76,79,
82~84,87,90~91,93,96,160

라

라벨드 데이터 39~40

라벨링 96

레벤시테인 거리 17

마

마인드 스포츠 11

만득자 133

매트릭스 31

매트릭스 기반 상관 분석 30

맥락 96

머신 러닝 46

먼 거리 33

메커니컬 터크 104

모레티, 프랑코 15

몽유록 73

문장 유형별 감정 출현 양상 114,122

문체 분석 87

바

「박씨전」 93

박영희 99

방각본 33

「배비장전」 93

배희숙 27

「백학선전」 83,89

번역 번안 소설 41~42,75~76

VADER 20

변개 57

별전 47~49,55,58

병렬 말뭉치 17~18

본전 47~49,55,58

분류 기준점 40
분산 의미 46
비람풍 12
비정형 데이터 16
비지도 학습 45
빅 데이터 21, 96~98, 104, 111

사

4차 산업 혁명 12
사회 네트워크 분석 160
삼대록계 국문 장편 소설 99, 146
상관 계수 18
상관 관계 31, 34, 61, 65, 76
　　상관 관계 분석 31, 33, 38, 50~52
상관 분석 31, 34, 61, 66
　　상관 분석 기반 계층 분석 30
상관 지수 33, 38, 57, 63
상소문 116, 154
서사 구조 122~123, 131, 149, 157~158
서사 단락 19
서사 단위별 감정 분석 149, 151
서술문 114, 116
서정민 69, 71
선본(先本) 33, 48
선본(善本) 33, 49, 58
『선비수사책자분배기』 48
성문 27
성장담 135~136
세대록 48
세책가 33
「소대성전」 90~91, 93
「소승상 본전별서」 98, 133
「소씨삼대록」 22, 24, 48~50, 58~59
「소현성록」 22, 24~25, 29~30, 32~34, 36,
　　47~50, 55, 57~60, 63, 66~67, 69, 71~72,
　　98~100, 102, 105, 117, 119, 121, 132~133,
　　143~145, 149, 160
　　국립중앙도서관 소장본 48, 59

박순호 소장본 48, 59~60
서울대 규장각 소장본 34~38, 48, 59~62,
　　64~69, 71
서울대 도서관 소장본 48, 59
이화여대 소장본 34~36, 38, 48~52,
　　58~61, 63~69, 71
소현성록대소설15책 48, 51~52, 58, 69
「수궁가」 17~18
「숙영낭자전」 90
「숙향전」 90, 92~93
순환 신경망(RNN) 46
스몰 데이터 97~98
스콧, 엘스펫 131
시문 114, 116
「심청전」 93
십장가 18
「쌍주기연」 83~84, 89, 93

아

R(프로그래밍 언어) 18, 30, 34, 36, 104~105
아이바 12
알파고 11~12
　　알파고 쇼크 11
애정 소설 41~44, 73~76, 79, 82~83, 89~93
애정 영웅 소설 82
애정 지수 87, 89
액자 구조 157
야담계 소설 73
「양산백전」 83~84, 89
어절 30~31, 36
어절 매트릭스 31~32, 34, 36, 38, 50, 60
어휘 사용 유사도 18
AFINN 20
NRC 단어-감정 조합 사전(EmoLex) 20, 104
여성 영웅 소설 82~83, 89~92
역사 소설 41, 73, 75~76
연구 재현성 18
연상 46

연작형 국문 장편 소설 47~48
영웅 소설 41~44, 73~76, 79, 81~83, 89~93
영웅 지수 84, 87, 89
영웅호걸 138, 143, 145~146
예교 114
오차 행렬 76
오픈한글 100
「옥소전」 93
「옥주호연」 83~84, 89, 90, 92
왕조 교체형 영웅 소설 90, 92
용언 104
워드 임베딩 45
원거리 읽기 15, 166~168
「유문성 자운산 몽유록」 55, 57
유복자 133
유사성 28
유형 분류 40, 73, 93
「육미당기」 93
윤리 소설 41~44, 73, 75~76, 79, 81~82
융합 연구 160~170
음악 어법 18
의인 소설 73
이본(異本) 17, 33~34, 36, 38, 48, 51, 58~61,
　　63, 66, 68~69, 71~72
　　이본 비교 19
　　이본 연구 58~59
이상택 73
이세돌 11~12
인공 지능 11~13, 44~45, 72, 76, 84, 159
　　인공 지능 시대 13, 163
인문 데이터 164, 169~170
인문학 13~15, 18, 40, 72, 111, 143, 149,
　　158~162, 166, 168
인물별 감정 출현 양상 117, 122
일부다처제 148
「임장군전」 90~91
입공 132

자연어 형태소 분석
「자운가」 66
　　성대본 66
　　연대본 66
「장경전」 93
장단기 기억 모형(LSTM) 45~46
「장백전」 83, 89~90
「장풍운전」 83, 89~91
장회체 소설 122, 131
쟁총 99
저널리즘 12
저본 50, 52, 67
저자 판별 연구 27~28
「적성의전」 93
전기(傳記) 소설 25, 73
전기(傳奇) 소설 73
전이 학습 45~46
정간보 18
정서 기준 104
「정수정전」 83~84, 90, 93
정인군자 119, 143, 145~146
제가 136
젯슨 12
「조웅전」 90~91
주자가례 139
중립 감정 123~124
중세 국어 15, 28, 36, 46, 169
지문 27
집단 창작 55

차
최운호 17
「춘향가」 17~18
「춘향전」 93
출생 131
출생·성장담 137~141
출생담 135

카

KRpia 98

KOSAC 20

타

태종 23

테스트용 데이터 40

텍스트 데이터 76

   텍스트 데이터 구축 30

   텍스트 데이터 정제 30

텍스트 분류를 위한 범용 언어 모형 미세 조정

   (ULMFit) 45

「토끼전」 19

통계 분석 19, 29

통과 의례 131~133

통섭 163

통시적 분류 73

튜링 테스트 12

파

판소리 17

   판소리계 소설 73

팔선녀전 131

FastAI 45

평균 거리 33

포스트 휴먼 12

표상체 16~17, 19~21

풍류재자 119, 121, 145

풍자 소설 73

플루치크, 로버트 107

   플루치크의 감정 팽이 104, 107

필사 33

필사본 50, 52

하

학습 데이터 40, 42~46

학습 모형 81

『한국 고소설 강의』 73

『한국 고소설론』 73

『한국 고전 소설의 세계』 73

한국 한문 15

한국어 형태소 분석 라이브러리(HAM) 18

한국연구재단 14

한나래 28

합성곱 신경망(CNN) 46

해석체 17, 19~21

현대 문학 15

「현수문전」 83~84, 89~90

형태소 20~21, 28, 31, 36, 45~47, 95~96

   형태소 분석 160

혼인담 136~137, 139~142

활자본 33

「황운전」 83~84, 90, 92

「황후별전」 57, 67

회차별 감정 분석 149, 151

회차별 감정 비중 127

후일담 140, 142

훈련용 데이터 40

「홍부전」 93

기획 **중앙대학교 인문콘텐츠연구소**
2017년 11월부터 대한민국 교육부와 한국연구재단에서 지원하는 HK+인공지능인문학사업
단을 운영하고 있으며, 인문학과 인공 지능의 융합적 연구를 수행하고 있다.

AI 인문학 4

AI가
내려온다

1판 1쇄 찍음 2022년 3월 15일
1판 1쇄 펴냄 2022년 3월 31일

지은이 강우규, 김바로
기획 중앙대학교 인문콘텐츠연구소 HK+ 인공지능인문학사업단
펴낸이 박상준
펴낸곳 (주)사이언스북스

출판등록 1997. 3. 24.(제16-1444호)
(06027) 서울특별시 강남구 도산대로1길 62
대표전화 515-2000, 팩시밀리 515-2007
편집부 517-4263, 팩시밀리 514-2329
www.sciencebooks.co.kr

ISBN 979-11-92107-07-3 94550
ISBN 979-11-90403-72-6 (세트)

이 저서는 2017년 대한민국 교육부와 한국연구재단의 지원을 받아 수행된 연구임
(NRF-2017S1A6A3A01078538)